周晋
王旭
李双寿

主编

清华大学
人工智能

创新创业能力提升
证书培养体系

清华大学出版社
北京

图书在版编目（CIP）数据

清华大学人工智能创新创业能力提升证书培养体系 / 周晋，王旭，李双寿主编.
北京：清华大学出版社，2025.8. -- ISBN 978-7-302-69523-3

Ⅰ. TP18；G640

中国国家版本馆 CIP 数据核字第 2025NF9878 号

责任编辑：王如月
装帧设计：莫高艺术
责任校对：王荣静
责任印制：杨　艳

出版发行：清华大学出版社
　　　　　　网　　　址：https://www.tup.com.cn, https://www.wqxuetang.com
　　　　　　地　　　址：北京清华大学学研大厦 A 座　　邮　　编：100084
　　　　　　社 总 机：010-83470000　　　　　　邮　　购：010-62786544
　　　　　　投稿与读者服务：010-62776969, c-service@tup.tsinghua.edu.cn
　　　　　　质量反馈：010-62772015, zhiliang@tup.tsinghua.edu.cn
印 装 者：涿州汇美亿浓印刷有限公司
经　　销：全国新华书店
开　　本：170mm×240mm　　**印　张**：15　　**字　数**：276 千字
版　　次：2025 年 8 月第 1 版　　　　　　**印　次**：2025 年 8 月第 1 次印刷
定　　价：99.00 元

产品编号：108526-01

本书编写委员会

主 编： 周 晋 王 旭 李双寿

副主编：（按姓氏拼音排列）

陈 震 杜 平 蒋红斌 林蔚然 庞 观 彭世广 王 凯 杨建新 赵千川

编 委：（按姓氏拼音排列）

杜亚楠 高彦芳 郭 湧 何 方 贾海峰 蒋 绚 李 璠 李 萌 刘海龙
龙 瀛 倪广恒 史翊翔 眭亚楠 陶 品 王广志 王建强 徐少兵 徐迎庆
于庆广 张 烈 张 佐 赵明国 赵 喆 朱 峰

编写工作组：（按姓氏拼音排列）

丁 锐 冯 博 高建兴 高敬涛 雷羽千 马小田 王浩宇

案例贡献者：（按姓氏拼音排列）

卜令芸 曹喻佳 陈宏浚 陈弘毅 陈怀玉 陈家璇 陈建锐 陈孟阳 陈思梦
陈威廉 陈耀星 陈一硕 陈宇轩 陈哲睿 程世昌 程思娴 程意然 川田稚子
崔瑾楠 戴诗琪 戴 尧 邓浩然 段承祺 樊 鹏 冯王菲 付博文 高成善
高明亮 顾靖坤 郭瀚哲 郭雯静 何欣凝 何志海 贺春蕾 洪楚烨 黄嘉玮
黄千驰 黄瑞宏 黄盛骞 黄鉦皓 黄宗乐 姜玥瑶 金航绪 库旭东 李典默
李洪欣 李佳萌 李嘉奇 李明暄 李思韵 李 文 李新成 李欣瑶 李昕贻
李易澄 李 真 李卓诚 李子昂 梁辰宇 梁 葳 梁 烨 梁子昌 林灏希
林志忠 刘皓月 刘晓波 刘小渔 刘馨阳 刘奕江 刘雨欣 毛馨缘 苗 金
倪 苗 聂 灿 潘通宇 蒲佳明 祁逸菲 秦潇桐 邱可宁 邵 京 沈王也
施雪滢 苏 畅 苏禹畅 苏云州 孙家鹏 孙新雅 谭力玮 唐淑仪 涂思琪
王爱蕾 王贝宁 王春霖 王美袭 王 睿 王润琪 王劭聪 王思绮 王思颖
王 腾 王希淳 王曦婧 王浠睿 王奕贺 韦思彤 吴柯锌 吴雨昊 夏俊豪
萧成博 肖一翃 谢千慧 徐大源 徐晓希 鄢宇彤 闫霄玥 杨东辉 杨欣泽
杨熠涵 杨咏婷 杨政昊 杨忠东 姚郁文 殷秋妍 袁乐康 袁亦朗 袁誉杭
袁 悦 展 然 张昌健 张宸语 张家慧 张嘉文 张杰同 张津铭 张泊宁
张瑞雯 张若谷 张书宁 张粟全 张 霄 张晓钰 张岳伟 张芷悦 赵怡丹
甄伟民 支一轩 钟赟龙 周佳祺 周睿豪 周炎亨 周 怡 朱辰宇 邹 豪
邹恬圆

序言：十年磨一剑

工程实践是高等教育中不可或缺的重要环节。我国的工程实践教育是在传统工科专业金工实习的基础上，逐步形成的全方位培养学生实践能力、工程意识和工程素养的教育模式。随着时代的发展，工程实践教育又萌生出一个新的需求——学生创新能力的培养。尽管学科教育及工程训练为学生具备解决问题的基本能力打下了基础，但在当前飞速发展的社会大环境下，技术快速更迭，新兴事物层出不穷，要适应这种变化，进而对社会做出有益贡献，学生必须具有创新思维和创造能力。2007 年党的十七大报告中提出：提高自主创新能力，建设创新型国家。这是国家发展战略的核心，也是提高综合国力的关键。报告中明确要求，坚持走中国特色自主创新道路，把增强自主创新能力贯彻到现代化建设各个方面。

在此背景下，清华大学开始积极探索工程实践与创新创业教育的融合，通过创客教育，为拔尖创新人才的培养提供有益的思路与方法。经过广泛的调查与研究，清华大学基础工业训练中心确立了在现有工程实践的教学体系下，逐步引入创新实践内容、丰富创新活动形式的发展思路，并开始探索建设一个能全面满足学生创新创业需求的实践平台，从而成为全国高校创客空间建设的开拓者。

在创客空间的建设过程中，清华大学基础工业训练中心认识到，学科的交叉与融合对培养学生的创新创业能力至关重要，既需要汇集不同专业的学生，又需要在师资队伍方面进行跨学科合作，以便为学生提供全方位的指导。2013 年，依托于基础工业训练中心的 iCenter 创客空间在清华大学成立，其联合了美术学院、工业工程系、自动化系等院系，以及校团委等部门，成为国内首个创客交叉融合空间。同年 11 月，在"清华大学第 24 次教育工作讨论分会——创新实践教学研讨会"上，大会提出了要重点关注以创客为代表的创新实践和教育模式。iCenter 的成立也标志着清华大学工程实践教育由工程能力训练、工程文化素质教育，进一步成为创新创业教育的服务支撑平台。

随着 iCenter 平台上的创新创业课程的开展，这些课程在培养学生创新创业思维、掌握相关技能、进行创新创业实践等方面发挥了积极作用。然而，目前课程内容尚未形成完整体系，因此在系统地培养学生创新创业能力方面还存在不足。此外，创新创业教学的组织形式相对零散，以专业为基础的划分导致教学缺乏系统性，且跨学科的融合不足。因此，为了切实有效地开展创新创业教育，iCenter 需要探索并建立一套科学的、可操作的创新创业训练体系。

成立技术创新创业辅修专业是清华大学对于创新创业训练体系落地做出的有益探索。清华大学自 2014 年就开始进行技术创新创业辅修专业的建设工作。经过两年多的准备，2016 年该专业完成首批学生招生并于 9 月启动教学。作为国内首个专门面向"双创"教学的辅修专业，该专业依托清华大学基础工业训练中心，并与校内 8 家院系合作开设。专业设有智能硬件、机器人、智能交通 3 个子专业，采用导师指导、项目牵引的跨学科团队教学模式，引导学生开展技术产品创新及初创企业策划，以系统培养学生的创新创业能力，实现"创新基础上的创业"。

2019 年，人工智能技术的发展日新月异。为了使学生创新创业的着力点更加聚焦，我们将技术创新创业辅修专业升级为"人工智能创新创业辅修专业"，并新增了智慧城市和智慧医疗两个人工智能的典型应用子专业。依托 iCenter 的工程实践与创新创业教育特色，项目特别强调在人工智能应用领域开展创新探索与实践，合作院系数量也从最初的 8 家扩展到了 16 家。2020 年，清华大学突破辅修专业模式，设立了本科课程证书项目。该项目相较于传统的辅修专业，具有更灵活的学制和更快捷的学业进程，能接纳更广泛的学生群体。在保持 iCenter 工程实践与创新创业教学特色的基础上，项目的教学体系进一步升级，并逐步与清华大学的通识教学体系相融合。随后合作院系数量扩展到了 20 家，课程内容也从专业实践课向通识实践课进行转变，以满足人工智能时代各专业领域的学生通过学习和应用人工智能进行创新探索的迫切需求。

十年磨一剑。iCenter 从工程实践平台发展为创新创业教育平台，再成为人工智能创新创业通识教育平台，既是对国家人才培养需求的积极响应，也展现了清华大学教育教学的持续发展态势。本书所呈现的人工智能创新创业通识教学体系，并非一蹴而就，而是 iCenter 与共建院系多年沉淀、迭代和变革的成果。在这一过程中，我们得到了清华大学教务处及所有共建院系的大力支持，同时还凝聚了以人才培养为己任的教师们的不懈努力。

希望本书能够为人工智能和创新创业通识教育提供有益的参考，并激励更多的教育工作者共同探索和推动人工智能时代下的创新人才培养模式，为人工智能人才培养作出新的贡献。

2024 年 7 月

前　言

今天，人工智能不仅成为科技创新的代名词，更是推动社会进步和经济发展的关键力量，是新质生产力的典型代表，也是世界科技强国的"必争之地"。党中央高度重视人工智能的发展，习近平总书记强调"加快发展新一代人工智能是我们赢得全球科技竞争主动权的重要战略抓手"。在人工智能时代，培养具有创新精神和实践能力的人工智能领域人才，已成为高等教育的重要使命。

清华大学基础工业训练中心自成立以来已逾百年，始终秉承"自强不息、厚德载物"的校训和"行胜于言"的校风，不仅见证了清华大学对学生工程实践和创新能力培养的持续重视，也记录了无数清华学子的首次动手实践经历，引导他们探索课本之外的奥妙。经过几代人的不懈努力，基础工业训练中心已发展成为一个综合性的工程实践与创新教育中心，形成了独特的办学风格和优良传统，始终传承着"真刀真枪"和"精益求精"的工匠精神，并坚持"价值塑造、能力培养、知识传授"的"三位一体"教育理念。2013 年，基础工业训练中心充分发挥自身优势，建设了跨学科创客实践平台——清华 iCenter，为学生提供了一个跨界融合、创新驱动的学习环境，同时清华 iCenter 也成为融合人工智能通识教育与创新创业通识教育的重要平台。2020 年，清华 iCenter 在教务处的指导下，联合全校 20 家院系单位共同建立了人工智能创新创业能力提升证书项目。该项目面向全校各专业的在读学生，尤其是本科生，开展"无学科门槛、有学理深度"的人工智能与创新创业相融合的通识教育。

本书紧扣人工智能时代对人才培养的需求，以清华大学人工智能创新创业能力提升证书项目为例，介绍了我们在人工智能与创新创业通识教育方面的实践经验。本书分为八章，包括培养背景、培养体系、培养方案、四个课程模块（人工智能模块、设计模块、创业模块、创新实践模块）以及培养案例等。每个课程模块的介绍都从课程信息、教学设计、教学案例出发，涵盖了通识教育理念、教学方法、教学评价以及教学特色等。书中提出的"四元贯通教学模式"和"三维融合教学体系"，是我们在交叉学科背景下，经过多轮探索与实践形成的创新人才培养模式。此外，本书还特别强调了教学平台的跨学科合作机制。通过与全校 20 家院系的紧密合作，我们构建了一个学科交叉、开放融合的教学平台清华 iCenter。这一平台不仅能充分支持教师们深入探索跨学科通识教育，并投入到项目的教学改革与创新中，同时也能促进学生在跨学科的交流与合作中相互激发创新潜能。

在本书的编写过程中，我们得到了众多老师的大力支持和宝贵建议，同时也得到了许多学生的支持，他们提供了丰富的教学案例。在此向所有参与和支持本项目的老师和同学致以最诚挚的感谢！最后，我们期待与各位读者在人工智能的浪潮中，共同探索、学习和成长，携手推动人工智能教育的发展和创新，为人工智能时代的人才培养贡献力量。让我们一起去迎接一个更加智能、更加美好的未来。

本书编委会

2024 年 7 月

目　录

第 1 章　培养背景

1.1　项目背景

人工智能正在成为国际竞争的新焦点、经济发展的新引擎和社会建设的新机遇。2017 年国务院印发的《新一代人工智能发展规划》明确提出，要把高端人才队伍建设作为人工智能发展的重中之重，完善人工智能教育体系，加强人才储备和梯队建设。[1]2018 年教育部发布的《高等学校人工智能创新行动计划》提出，到 2025 年高校在新一代人工智能领域人才培养质量显著提升，到 2030 年高校成为建设世界主要人工智能创新中心的核心力量和引领新一代人工智能发展的人才高地。[2]

自 2018 年起，清华大学先后建立了人工智能研究院、智能产业研究院、人工智能国际治理研究院，初步形成了人工智能技术、产业和治理"三驾马车"的布局和人工智能科研矩阵（图 1-1）。[3]在人才培养方面，清华大学于 1978 年招收了首届人工智能领域硕士，于 1979 年开设了国内第一批人工智能专业课程，于 1987 年培养出了本土第一位人工智能领域博士。进入 21 世纪，清华大学整合相关学科力量，创办面向本科生的计算机科学实验班、清华学堂人工智能班，培养领跑国际的计算机与人工智能领域的拔尖创新人才。[4]2021 年 4 月，清华大学自动化系联合北京通用人工智能研究院，面向本科生实施了通用人工智能因材施教计划，锻造人工智能"科技王牌军"，形成人工智能"创新策源地"，为国家重大战略需求培养人工智能领域的复合型领军人才。[5]2024 年 4 月，清华大学成立人工智能学院，聚焦"人工智能核心基础理论与架构"和"人工智能 +X"两个重点方向，以高定位和新机制建设中国自主的"AI 顶尖人才和原始创新基座"。[4]

在本科生培养方面，除了人工智能学位项目及相关专业所涉及的学生群体，许多来自不同院系的本科生也对人工智能抱有浓厚的兴趣，并希望探索其在自己专业领域的创新应用。这些学生在年级和学科背景上差异较大，并且缺乏人工智能所需的基础知识。为了满足这些学生的需求，清华大学基础工业训练中心在教务处的指导下，与全校 20 个院系联合，于 2020 年推出了"人工智能创新创业能力提升证书"项目。

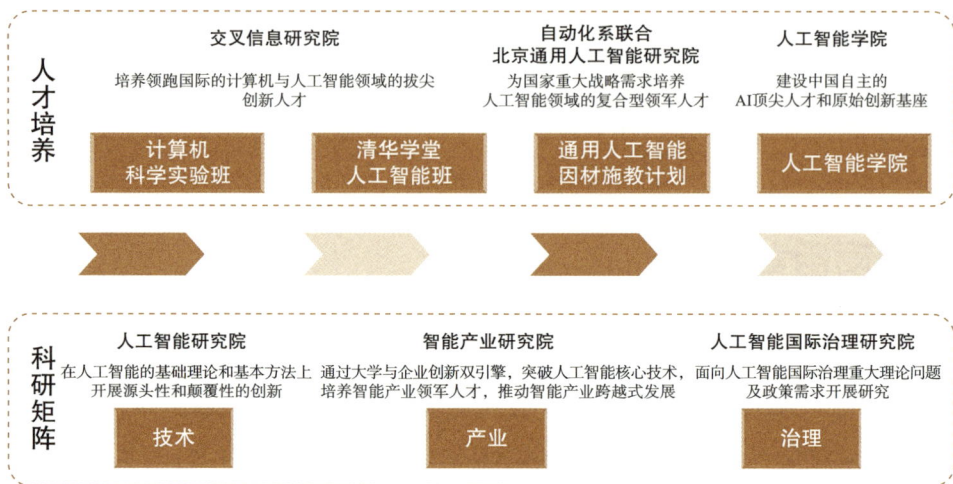

图 1-1　清华大学的人工智能人才培养与科研矩阵

该证书的主责院系及教学支撑平台是清华大学基础工业训练中心（又称"清华 iCenter"，见图 1-2）。它起源于 1922 年清华学校设立的手工教室，是清华大学校内工程实践教学最重要的基地。经过百年的发展，清华 iCenter 已形成了融工程教育、通识教育、创新创业教育以及社会服务于一体的功能定位。具体包括：

（1）工程能力训练基地，为卓越工程师培养服务；

（2）工程素质培养基地，为复合型人才培养服务；

（3）创新创业教育基地，为拔尖创新人才培养服务；

（4）高水平科研转化服务基地，发挥社会服务辐射作用。[6]

图 1-2　清华 iCenter 的功能定位

1.2 项目沿革

2015 年，清华 iCenter 设立了技术创新创业辅修专业（简称"技创辅"）。该专业响应国家创新驱动发展战略，聚焦全球前沿领域，旨在培养学生掌握全球化背景下的创新创业理论、方法和工具，增强创业意识和创新精神，提升创新创业能力。技创辅聚焦人工智能的微观、中观和宏观三个维度，初设了智能硬件、机器人及智能交通三个前沿方向。2019 年，技创辅升级为人工智能创新创业辅修专业（简称"AI 创辅"），专业扩展到智能硬件、机器人、智能交通、智慧医疗、智慧城市五个方向。至今，清华 iCenter 已培养了四届辅修学生，在人工智能创新创业领域积累了宝贵的人才培养经验。

基于技创辅和 AI 创辅的培养经验，2020 年清华 iCenter 在清华大学教务处的指导下，开设了"人工智能创新创业能力提升证书"项目，简称"AI 创证书"，亦被称为"爱创证书"（"爱"不仅是 AI 的发音，也象征着对创新的热爱）。AI 创证书是清华大学首批本科课程证书项目之一，面向全校各年级、各专业的本科生，旨在培养学生的人工智能思维，以提升应用人工智能开展创新创业的能力。截至 2024 年春季学期，AI 创证书项目已完成四期学生的培养（图 1-3）。

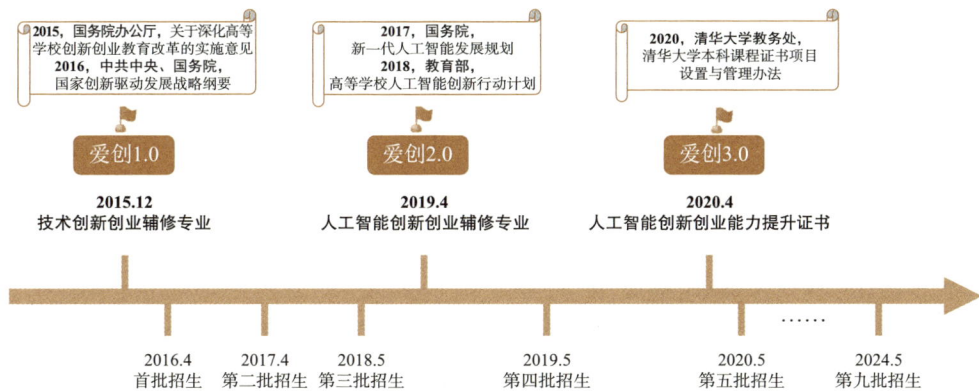

图 1-3　AI 创证书项目的发展沿革

1.3 项目特点

AI 创证书项目具有以下四个特点（图 1-4）。

（1）项目定位：该项目专为清华大学本科生而设计，主要受众为清华大学在校本科生。

（2）课程定位：课程与清华大学本科教育体系紧密结合，贯彻清华大学通识教育目标。

（3）项目性质：AI 创证书系清华大学本科课程证书项目。

（4）教学特色：项目充分发挥清华 iCenter 的资源优势，强调理论与实践的结合，积极开展融合创新创业元素的实践教学活动。

图 1-4　AI 创证书项目的特点

1.3.1　本科通识教育

清华大学围绕立德树人的根本任务，确立价值塑造、能力培养和知识传授"三位一体"的教育理念和人才培养模式，构建了以通识教育为基础、通识教育与专业教育相融合的本科教育体系。[7]

在这一教育理念指导下，清华大学的通识教育旨在培养学生"立己达人"的全人格价值观，培养"审思明辨"的批判性思维能力，并构建"文理兼备"的跨学科知识结构。通识课程作为实现这些教育目标的重要载体，以"立德树人"为根本，强调课程的思想性、引导性和非功利性，注重教育的长远效用。[8]

AI 创证书项目紧密结合清华大学本科通识教育的目标，构建了核心课程体系。该体系覆盖了清华大学四大通识课组中的三个主要类别：社科、艺术和科学，共设立了 14 门课程，总计 38 学分。具体为：社科课组包括 2 门课程，共计 5 学分；艺术课组包括 2 门课程，共计 6 学分；科学课组包括 10 门课程，共计 27 学分（图 1-5）。

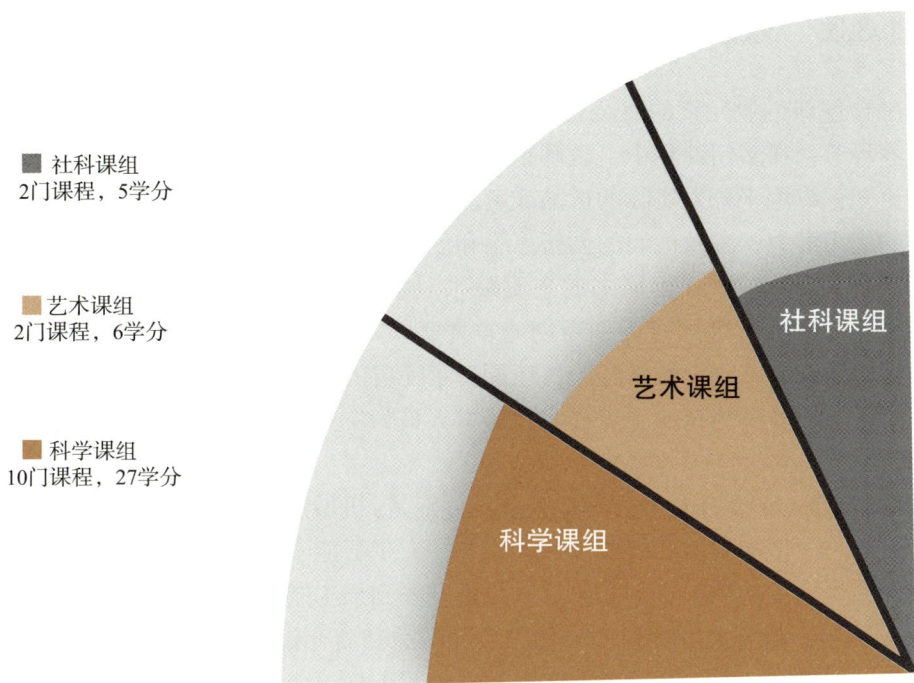

■ 社科课组
2门课程，5学分

■ 艺术课组
2门课程，6学分

■ 科学课组
10门课程，27学分

社科课组

艺术课组

科学课组

图 1-5　AI 创证书项目核心课组的通识课类型

1.3.2　本科课程证书项目

自 2020 年起，清华大学教务处在校内设立了本科生课程证书项目，旨在拓展本科生的自主发展空间，使有余力的学生能够在主修专业之外，对某一专业或学科方向进行更深入的学习和训练，从而拓宽他们的专业视野。[9]清华大学倡导各院系发挥自身的资源优势，灵活设立本科生课程证书项目，并鼓励不同院系之间实施学科交叉共同构建课程证书项目。截至 2024 年 6 月，清华大学已开设 13 个本科课程证书项目。AI 创证书项目是首批推出的课程证书项目之一。

清华大学本科课程证书项目具有以下几个特点。

（1）面向对象：项目主要面向本校全日制在校本科生，没有年级限制。此外，辅修及双学位的学生也有资格参与修读。

（2）课程内容：证书由一组目标明确且具有鲜明特色的课程或环节组成。

（3）选课机制：证书课程的选课与主修课程同步进行。

（4）证书颁发：证书由主责院系与清华大学教务处联合颁发，每年颁发一次。

（5）开放性：证书主责院系根据实际培养情况，可以选择是否向研究生开放。[9]

1.3.3 "双创"特色的实践教学

融合创新创业元素的实践教学是 AI 创证书的重要特色，同时也是证书的核心培养环节。在多门课程中，教师指导学生开展以产品为导向的项目，引导学生将理论知识应用于开发实际的产品或解决方案，以帮助学生更好地理解人工智能技术的应用潜力，激发他们的创新思维和创造能力。

清华 iCenter 是 AI 创证书的主责院系及教学支撑平台。作为国家级实验教学示范中心和教育部国家级创新创业教育实践基地，清华 iCenter 不仅拥有丰富的实践教学和"双创"教学经验，还配备了完善的教学设施。此外，清华 iCenter 建立了一支以教师为核心、工程实验技术人员为主力、技术工人为辅助的实践教学团队。

清华 iCenter 设有 6 个教学实验室，分别是：机械制造实验室、成形制造实验室、设计与原型实验室、智能制造实验室、人工智能实验室、碳立方实验室。这些实验室全面支持学生从创意设计、原型开发到加工制造的整个实践过程，并提供创业服务，助力学生将创意转化为实际产品和商业模式，并充分支撑 AI 创证书项目开展具有"双创"特色的实践教学（图 1-6）。

图 1-6 "双创"特色的实践教学支撑平台

这 6 个教学实验室的职能如下所示。

1. 机械制造实验室

针对传统及数字化设备技术开展本科学生的工程训练实践教学和创新创业教育，研究机械制造过程中的技术问题，服务全校师生的科研加工以及各项学生科技大赛活动。下设普车、数车、普铣、数铣、桁架、创新服务平台实训室，并建有科研加工服务平台。

2. 成形制造实验室

针对材料成型技术开展本科学生的工程训练实践教学和创新创业教育，研究材料成型过程中的科学和技术问题，并服务于科研加工以及各项学生科技大赛活动。下设铸造、锻压、焊接、弧焊机器人、材料制备、材料结构分析、热处理等 7 个主题实训室。

3. 设计与原型实验室

针对设计与原型技术开展本科学生的工程训练实践教学和创新创业教育，研究设计与原型过程中的科学和技术问题，并服务于科研项目及创新创业教育活动。下设产品创新设计、激光加工、3D 打印与逆向工程、电子工艺、钳工坊、木工坊等 6 个实训室。

4. 智能制造实验室

针对先进加工技术、精密测量技术、表面贴装技术、数字化与智能制造系统开展实验教学，开设有工业机器人仿真与操作、柔性制造系统、精密测量系统、智能物流等实验单元。下设精密测量实训室、SMT 实训室、柔性制造系统实训室、数字化能力发展中心、模范工厂等 5 个实训室。

5. 人工智能实验室

专注于人工智能赋能创新创业以及信息化赋能工程实践，开展以教学为中心的新一代互联网技术与工业技术的科研活动，重点建设有人工智能创新创业能力提升证书、新基建大数据中心、AI 数据中心、iCenter 教学信息化及"双创"教育课组等。

6. 碳立方实验室

以材料、化学、机械、生命科学和医学等学科和工程技术为基础，以"碳中和·碳达峰"和"健康中国"国家战略为导引，构建了跨学科、跨院系的高层次工程实践和创新教学平台，重点开展数字能源和医工交叉方向的工程实践能力培养和学生三创服务工作。

1.4 学科交叉平台合作机制

AI 创证书教学平台由包括清华 iCenter 在内的清华大学 21 个院系和单位共同建设而成。广泛的学科交叉既为创新带来了充足的驱动力，也对开展高效的合作提出了一系列的挑战。为了最大化跨学科合作的教学优势并有效培养人才，需要建立完备、创新的学科交叉合作机制。为此，清华 iCenter 在平台职能设计和组织模式方面制定了一套跨学科合作机制。

1.4.1 平台职能设计

AI 创证书教学平台的职能包括教学、项目管理、教学管理、教学支撑等四方面职能。其中，教学职能由 21 个共建院系共同承担；项目管理、教学管理和教学支撑职能主要由清华 iCenter 承担（图 1-7）。

教学职能 21个共建院系	○ 核心课程建设 ○ 核心课程师资建设 ○ 核心课程教学实施 ○ 学生课外指导 ○ 合作开展教学改革、教学研究
教学支撑职能 清华iCenter	○ 场地支持：教学及实验空间 ○ 设施支持：实践教学设施及设备 ○ 实验支持：实验指导、原型设计及加工 ○ 经费支持：教学及实验经费
教学管理职能 清华大学教务处+ 清华iCenter	○ 培养方案管理 ○ 课程管理 ○ 学生管理 ○ 证书招生及证书颁发 ○ 教学组织与协调
项目管理职能 AI创证书工作组+ 学术顾问组	○ 建设培养体系 ○ 制订培养方案 ○ 建设师资队伍 ○ 平台资源建设 ○ 协调平台运行机制建设

图 1-7 AI 创证书教学平台职能

1. 教学职能

教学职能主要涵盖核心课程建设、师资建设以及教学实施等，由 AI 创证书共建院系共同承担。此外，该职能还扩展到了课外学习，包括指导学生开展进一步的学术研究和创新探索活动，辅导学生参加科技创新竞赛等。为持续提高教学质量，平台也积极推动教学团队进行教学改革和相关的教学研究。

2. 教学支撑职能

教学支撑职能由清华 iCenter 承担，主要职能包括提供专用教室、实验场所以及教学和实践活动所需的设施、设备和资金支持。此外，该职能还包括为实践教学提供实验的指导、原型设计和加工服务，以促进共建院系之间的跨学科合作实践。

3. 教学管理职能

教学管理职能主要涉及培养方案管理、课程管理、学生管理、证书招生及证书颁发等，由清华大学教务处与清华 iCenter 共同承担。此外，该职能还包括根据各门课程的需求，协调所需的各类教学资源。

4. 项目管理职能

项目管理职能由清华大学教务处、AI 创证书工作组及学术顾问组共同承担。AI 创证书工作组的成员来自清华 iCenter，学术顾问组的成员则来自证书的共建院系。其主要职责包括建设培养体系、制订并优化培养方案、建设平台师资队伍、协调平台运行机制以及开发和建设平台资源。

1.4.2 平台组织模式

AI 创证书教学平台建立了 6 个团队来全面保障平台职能的高效执行，包括联合主任团队、项目管理团队、教学管理团队、教学协调团队、教学支撑团队以及企业导师团队，全方位组织并确保教学活动的顺利进行（图 1-8）。

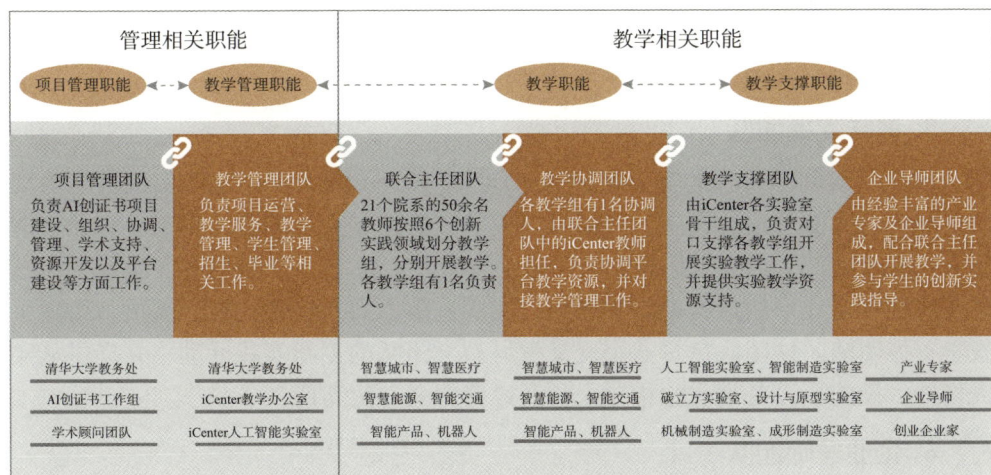

图 1-8　AI 创证书教学平台的组织模式

1. 项目管理团队

项目管理团队由清华大学教务处、AI 创证书工作组以及 AI 创证书学术顾问团队共同组成，并承担项目管理职能，主要负责 AI 创证书的建设、组织、协调、管理、学术支持与发展、资源开发和平台建设等方面的工作。

2. 教学管理团队

教学管理团队由清华大学教务处、AI 创证书工作组以及清华 iCenter 人工智能实验室组成，是 AI 创证书的枢纽团队，负责与其他团队进行有效对接。该团队既负责落实项目管理团队的任务，又负责教学管理，同时负责联合主任团队、教学协调团队和教学支撑团队的协同工作，以共同完成教学任务。

3. 联合主任团队

联合主任团队是教学核心团队，由来自 21 个共建院系的 50 余名教师组成，主要负责课程建设、教学设计及教学实施。该团队以课程为单位分为若干小组，每组由专业领域与课程内容相匹配的教师组成，形成了 6 个交叉学科教学团队，学科涉及智慧城市、智慧医疗、智慧能源、智能交通、智能产品和机器人。在这些团队中，所有联合主任都会参与教学活动，且每门课程由一名联合主任担任课程负责人。

4. 教学协调团队

在 6 个交叉学科教学团队中，每个团队均配备一名来自清华 iCenter 的联合主任，以担任教学协调人。该协调人的主要职责是根据课程的教学需求，实时与教学管理团队以及清华 iCenter 的教学支撑团队进行对接，以确保教学资源的有效协调和及时获取教学支持，同时辅助处理教学管理工作。如果课程负责人也来自清华 iCenter，该教师将兼任教学协调人。

5. 教学支撑团队

具有"双创"特色的实践教学是 AI 创证书的一大亮点。这些实践教学活动需要配备合适的场地和设施，还需有专业的实验指导人员的深入参与。为此，清华 iCenter 整合了人工智能实验室、设计与原型实验室、智能制造实验室、机械制造实验室、成形制造实验室和碳立方实验室等 6 大实验室的核心人员，组建了教学支撑团队。该团队负责 6 个交叉学科教学团队的创新实践活动，并提供从实践场地、设施、设备到实验指导人员及经费的全方位支持。

6. 企业导师团队

AI 创证书项目积极实施产教协同育人策略，根据教学需求组建了企业导师团队。该团队与联合主任团队紧密协作，并积极参与教学活动。企业导师们将丰富的行业经验、最新的行业动态、技术进展以及市场需求带入课堂，为学生提供有针对性的创新创业指导。

第 2 章　培养体系

AI 创证书项目秉持清华大学的"三位一体"教学理念，构建了价值塑造、思维牵引、实践创新、通识筑基 的"四元贯通"教学模式，建设了课程思政、通识思维、创新实践的"三维融合"教学体系。针对 AI 创证书的培养需求，项目建立了多维度的教学评价体系，配备了教学实验平台以支持学生开展创新实践，并形成了学科交叉和开放融合的培养特色（图 2-1）。

图 2-1　AI 创证书培养体系

2.1　四元贯通教学模式

2.1.1　价值塑造

AI 创证书项目已将价值塑造贯穿于教学全过程，通过将思政教育与课程紧密融合，建立了 AI 创证书思政体系，为教师开展课程思政提供参考。这一体系旨在培养学生的国家使命感、社会责任感和人工智能伦理意识，以确保技术应用的正确方向。

2.1.2 思维牵引

AI 创证书项目以思维培养为抓手，着重培养学生运用 AI 进行创新的基础思维能力。通过系统的教学活动，构建 AI 创证书思维体系，培养学生的多元化思维和问题解决能力，为复杂问题的解决提供新的视角和方法。

2.1.3 实践创新

结合 AI 技术的实际应用，AI 创证书课程鼓励学生在项目实践中将所学的思维和认知融会贯通。通过"AI+实践"的模式，构建了 AI 创证书的创新实践体系，以提升学生在 AI 应用实践中的创新能力及解决实际问题的能力。此外，在 AI 创证书的思维体系中，各门课程也积极采用实践创新的教学模式，通过思维引导实践，进而以实践促进思维的深化和提升。

2.1.4 通识筑基

AI 创证书课程打破学科门槛壁垒，以通识教育为目标，提升学生在 AI 及创新创业领域的基础认知和应用能力。课程设计遵从通识教育理念，涵盖从基础理论到应用实践的各个方面。AI 创证书教学模式如图 2-2 所示。

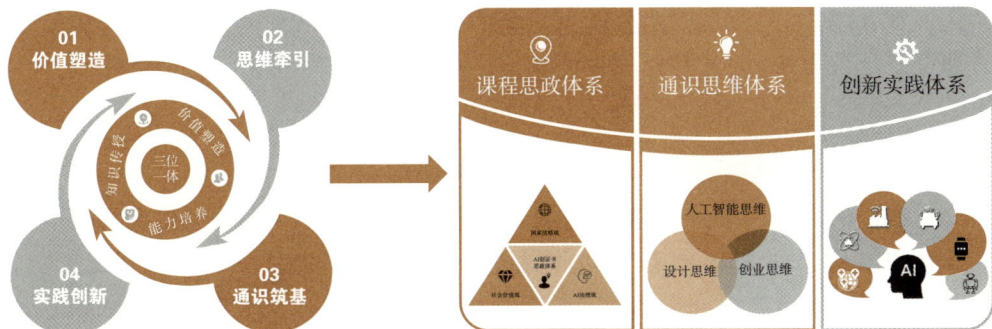

图 2-2　AI 创证书教学模式

2.2　三维融合教学体系

2.2.1 课程思政体系

AI 创证书项目将价值塑造贯穿于教学全流程，并结合政策解读和案例教学，构建了 AI 创证书课程的"三观"思政体系。这一体系基于国家战略观、社会价值观和 AI 治理观，旨在培养学生在 AI 领域的全面视角和深刻的理解力，帮助学生形成全面、均衡的认识，使他们未来能够在人工智能领域实践中做出明智和负责任的决策（图 2-3）。

图 2-3　AI 创证书思政体系

1. 国家战略观

国家战略观强调学生对国家在 AI 领域的战略目标和政策方向的理解。这包括认识到 AI 技术的发展对增强国家竞争力的重要性，以及国家如何通过政策支持和资源配置来推动 AI 技术的创新和应用。通过这一视角，学生能够明确自己的学习和研究如何与国家的长远发展战略相结合。

2. 社会价值观

社会价值观着重于建立学生对 AI 技术在实际应用中应遵循的伦理和价值原则的认识。这包括讨论 AI 技术如何促进社会公正、提高生活质量等正面影响，同时也要考虑到技术可能带来的隐私侵犯、失业、偏见和不平等等负面问题。通过这一视角，学生能够在设计和实施 AI 解决方案时，更加注重技术的社会责任和伦理考量。此外，AI 创证书项目还鼓励教师引导学生，在设计 AI 应用时应充分融入中华民族文化特色和优秀传统美德。

3. AI 治理观

AI 治理观关注如何有效地管理和监管 AI 技术的发展和应用，确保技术的健康发展和安全使用。这包括了解国内外关于 AI 的法律法规、标准和最佳实践，以及如何在保障创新和技术进步的同时，控制风险和防止滥用。通过这一视角，学生将领悟到在保证技术合规的基础上，如何推动 AI 技术的可持续发展。

2.2.2 通识思维体系

AI 创证书项目的通识思维体系包括人工智能思维、设计思维和创业思维等三大核心部分，目标是全面提升学生在人工智能技术、设计和创业领域的思维能力，同时为他们在这些领域的深入学习和实践活动奠定知识基础。这些思维模式为学生解决实际问题提供了全新的视角和方法，促进他们在解决复杂问题时能够运用跨学科的知识和技能，进而在面对复杂挑战时能够展现出更高的创新能力和问题解决能力。此外，课程鼓励学生将这些思维应用于具体的问题解决和项目开发中，并通过实际操作不断优化和调整自己的思考模式，从而深化对这些思维的理解和掌握（图 2-4）。

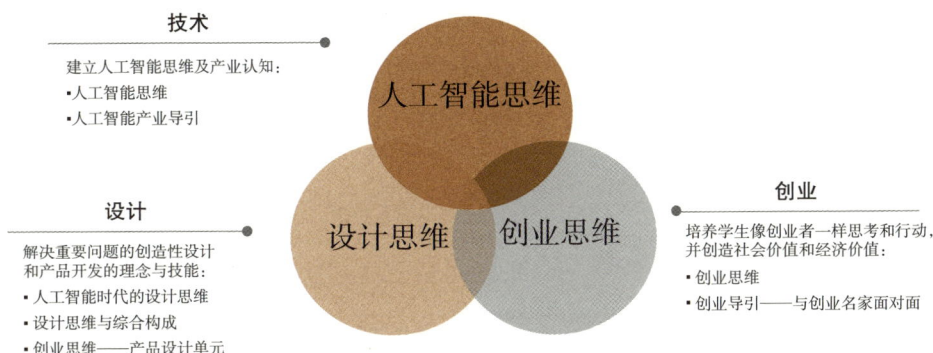

技术

建立人工智能思维及产业认知：
- 人工智能思维
- 人工智能产业导引

设计

解决重要问题的创造性设计和产品开发的理念与技能：
- 人工智能时代的设计思维
- 设计思维与综合构成
- 创业思维——产品设计单元

创业

培养学生像创业者一样思考和行动，并创造社会价值和经济价值：
- 创业思维
- 创业导引——与创业名家面对面

图 2-4　AI 创证书的通识思维体系

1. 人工智能思维

人工智能思维模块是从技术角度培养学生运用 AI 技术解决问题的基本思维模式，并深入探索 AI 在各行各业中的应用潜力。该模块由两门课程构成："人工智能思维"和"人工智能产业导引"。"人工智能思维"旨在构建学生的 AI 基础思维框架，"人工智能产业导引"则指导学生将这些思维应用于具体的产业场景，以促进理论知识向实践应用的转化。这种结构设计不仅加深了学生对人工智能的理解，而且增强了他们在后续的实践中应用 AI 解决问题的能力。

2. 设计思维

设计思维模块以设计为核心，旨在培养学生通过创造性设计来解决复杂问题，并进行有效的产品开发。该模块由三部分构成：课程"人工智能时代的设计思维"和"设计思维与综合构成"，以及课程"创业思维"中的产品设计单元。这些课程不仅系统地构建了学生的设计思维框架，还深入探讨了如何将这种思维应用于实际产品设计和创新过程中。通过这一模块的学习，学生能够掌握将创意转化为实际解决方案的关键技能，以实现从 AI 技术方案到产品的转化，为将来的技术实施和产品开发奠定基础。

3. 创业思维

创业思维模块旨在培养学生具有创业者的思考方式和行动能力，鼓励他们创造社会价值和经济价值，从而实现技术和产品的可持续应用。通过"创业思维"和"创业导引——与创业名家面对面"两门课程的学习，学生能够深入理解创业思维的核心要素，以及如何将这些思维转化为具体的创业行动和策略。同时，通过创业企业家的真实案例分享，学生可以更加直观地了解创业过程中的实际挑战与机遇，并对自身的创业潜力进行自我评估。这一模块的学习使学生能够在创业理论与实践之间建立联系，为未来的创业实践打下基础。

AI 创证书项目的通识思维体系通过人工智能思维、设计思维和创业思维这三大模块的协同，不仅深化了学生对人工智能、设计和创业领域的理解，而且培养了他们的多元思维模式。这种综合性的思维训练增强了学生学科交叉的思维能力和创新力，为他们在 AI 创证书后续的课程中进行人工智能创新实践活动奠定了基础。

2.2.3 创新实践体系

AI 创证书项目的创新实践体系涵盖了 6 个领域：智慧医疗、智慧城市、智慧能源、智能交通、智能产品和机器人（图 2-5）。这一体系不仅是 AI 创证书项目的实战演练场，也是学生综合运用所学知识解决实际问题的重要环节。通过这些实践活动，学生能够在真实的应用场景中深化知识理解，提高实际技能。

01 智慧医疗
02 智慧城市
03 智慧能源
04 智能交通
05 智能产品
06 机器人

图 2-5 AI 创证书涉及的创新实践领域

在创新实践体系的课程中，学生将在教师指导下，选择一个特定的应用领域进行深入研究和项目实践。学生还可把之前阶段建立的人工智能思维、设计思维和创业思维融合应用，以寻找解决问题的思路，并通过实践尝试解决问题。这种跨学科的综合应用不仅能够帮助学生建立对所选领域的基础认知，深化对人工智能的理解，还能够在实际操作中锻炼和提升他们的问题解决能力。

此外，AI创证书项目的创新实践体系还鼓励学生进行团队合作，通过团队协作来解决复杂的挑战，这不仅能够提升他们的沟通和协调能力，而且能增强团队合作精神和领导能力。通过这样的综合锻炼，为学生成为未来人工智能领域的创新者和领导者打下基础。

2.3 教学评价体系

AI创证书项目的教学评价体系是一个多维的评估框架，涵盖了评价主体、评价方式、评价阶段和评价工具等，旨在通过多元评价、多方评价、过程评价以及智能评价，全面衡量和促进学生的学习成果（图2-6）。

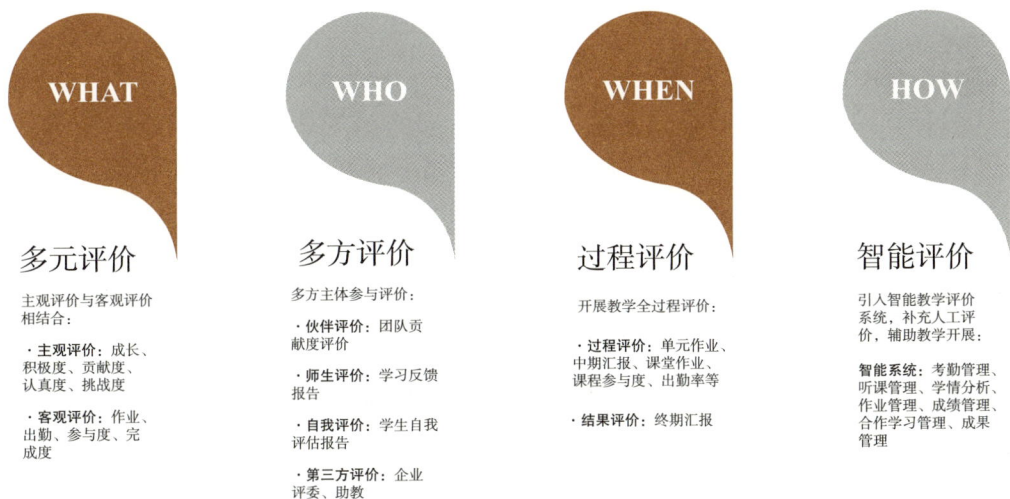

WHAT

多元评价

主观评价与客观评价相结合：

· **主观评价**：成长、积极度、贡献度、认真度、挑战度
· **客观评价**：作业、出勤、参与度、完成度

WHO

多方评价

多方主体参与评价：

· **伙伴评价**：团队贡献度评价
· **师生评价**：学习反馈报告
· **自我评价**：学生自我评估报告
· **第三方评价**：企业评委、助教

WHEN

过程评价

开展教学全过程评价：

· **过程评价**：单元作业、中期汇报、课堂作业、课程参与度、出勤率等
· **结果评价**：终期汇报

HOW

智能评价

引入智能教学评价系统，补充人工评价，辅助教学开展：

· **智能系统**：考勤管理、听课管理、学情分析、作业管理、成绩管理、合作学习管理、成果管理

图2-6 AI创证书评价体系

1. 多元评价

AI创证书项目结合了主观评价和客观评价的方式，以确保评价的全面性和公正性。主观评价侧重于评估学生的成长情况、学习态度、积极度、团队贡献度以及任务挑战度。客观评价则关注学生的作业完成质量、出勤率、活动参与度和任务完成度等可量化的指标。

2. 多方评价

项目评价主体的多样化确保了评价的客观性和多角度反馈。AI创证书项目

采用了包括伙伴评价、师生评价、自我评价和第三方评价在内的多方评价机制。这种机制鼓励学生从同伴、教师、自我以及外部专家等多个维度获取反馈，有助于他们全面了解自身的学习状况和改进方向。

3. 过程评价

评价不仅关注最终结果，更注重学习过程中的各个阶段。过程评价包括对学生在整个学习过程中各节点产出情况的评估，以及对课内与课外学习情况的持续监控。结果评价则通过终期汇报来评估学生的综合表现和学习成果。

4. 智能评价

智能教学评价系统是通过自动化工具来辅助教学和进行过程评价，以提高评价效率和准确性。智能评价系统能够自动管理考勤、监控课堂活动、分析学习情况、管理作业和成绩等。

通过综合性和多维度的评价体系，AI 创证书项目能够更准确地评估学生的学习成效，同时激励学生持续成长和创新。

2.4 教学实验平台

为了全面满足 AI 创证书项目的多样化实践教学需求，清华 iCenter 建设了包括基础层、系统层、应用层在内的三级教学实验平台（图 2-7）。

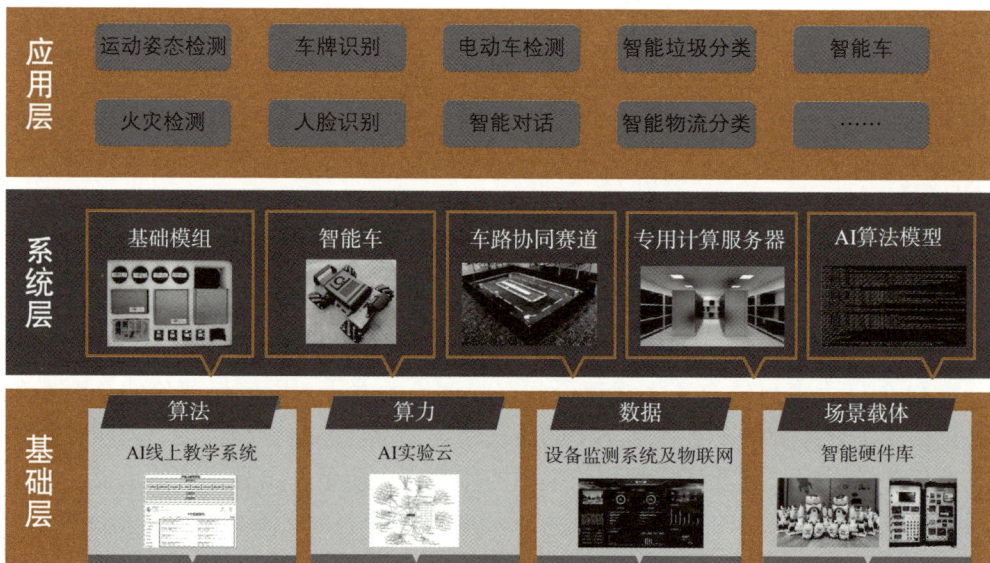

图 2-7 AI 创证书教学实验平台

2.4.1 基础层

基础层建设了 AI 实践教学资源库,为 AI 创证书培养体系的多种实践需求提供了算法、算力、数据、场景载体等全方位的保障。

算法:AI 线上教学系统集深度学习核心训练和推理框架、基础模型库、端到端开发套件和丰富的工具组件于一体,学生可在该平台上免费使用算力资源,同时省去了软件环境部署与调试等烦琐的前置环节。该系统提供了面向语义理解、图像分类、目标检测、图像分割、语音合成等场景的 AI 算法教学功能,在多个教学模块中发挥着核心作用。

算力:AI 实验云建设有由 14 台高性能服务器组成的处理器集群、由 20 台工作站组成的 GPU 集群,以及由万兆交换机和 10 台接入级交换机组成的交换网络。

数据:依托清华 iCenter 的教学场地大面积部署了数据采集阵列,可开展设备监测及各级安全管理。其采集的数据既用于教学实践,又对实验室运营提供了大力支持。

场景载体:硬件资源库为 AI 应用提供了丰富的场景载体,包括 8 个品种、数百套口袋式电子设备,涵盖初级到高级的创客系列、医学系列、智能制造系列、消费电子系列和工业级系列等。

2.4.2 系统层

系统层建设有面向 AI 典型应用的示范教学系统,即自动驾驶产品全生命周期教学系统。该系统以机器学习为技术引擎并综合了多项 AI 技术的应用,以产品全生命周期贯穿于教学始终,既包括理论学习,又涉及实际操作,使学生能够在从基本概念理解到实际应用的各个阶段获得系统的训练。

该系统为交互式的教学平台,内含了自动驾驶领域的前沿技术。它以"自动驾驶小车"为样本,将 AI、机器学习和自动驾驶的理论知识与实际应用相结合,包括控制软件、智能车硬件及实验跑道,可使教师在实验室场地内灵活地进行教学,为学生提供沉浸式的教学体验。

2.4.3 应用层

应用层包含了为多种 AI 应用场景开发的一系列教学实践案例,其内容涵盖了 AI 技术的多个应用领域,包括图像识别、自然语言处理和机器学习等。通过这些案例的具体操作帮助学生深入理解 AI 技术的基本原理和实际应用,以培养他们解决复杂问题的技能。同时还引导学生参与到 AI 应用场景的创新探索中，激发他们思考如何改进现有技术和开发新的解决方案，从而推动 AI 技术的持续进步和创新。

2.5 培养特色

2.5.1 学科交叉

学科交叉的培养特色体现在教学内容、教学师资和项目学生三个方面。

1. 教学内容

AI 创证书项目的教学内容涉及了多个学科领域。AI 本身就是一个交叉学科技术，它不仅包括计算机科学、数据分析和机器学习等核心技术，还与各专业的实际应用紧密结合，涉及范围广泛。此外，AI 创证书项目的课程还融合了设计和创业等学科技术，进一步扩展了学科的边界，丰富了教学内容。这种多学科的融合不仅增加了课程的多元性，也促进了不同学科的相互融合与创新碰撞。学生可以从多个角度理解 AI 的原理和应用，激发创新思维。

2. 教学师资

AI 创证书项目的教师团队由来自 21 个不同院系的近 50 名教师组成，他们的专业领域涵盖多个学科，确保了教学内容的多样和深度。这种跨学科的教师阵容不仅能够提供全面的理论教学，而且还能够提供多角度的问题解决方法和创新思维方式。

此外，AI 创证书项目还拥有一支由行业导师及产业专家组成的团队。这些行业导师和产业专家来自不同的行业和技术前沿领域。他们将最新的产业趋势、技术发展和行业洞见带入课堂，为学生提供了有效的实践指导与丰富的产业案例。

3. 项目学生

AI 创证书项目学生来自全校 42 个院系，涵盖了从工学、理学、艺术学、经济学、文学、建筑学、管理学、医学到法学等广泛的学科专业（图 2-8）。这种多样的专业背景不仅为课堂讨论和项目合作带来了丰富多元的视角，还促进了不同学科间的思想碰撞和知识融合。例如，工学学生可能关注 AI 技术的实际应用和优化，艺术学学生可能注重 AI 在创造性设计中的应用，经济学学生可能关注 AI 对市场分析的影响，而法学学生则关注 AI 技术在法律框架下的应用和挑战。

跨学科的学习环境使学生能够在 AI 及其相关领域获得更全面的理解和应用能力。通过跨学科的互动和合作，学生不仅能够从自己的专业角度深入理解 AI，还能从其他学科的视角获得新的洞察，从而更好地应对未来的多领域挑战。此外，这种学术的多样性也为学生提供了人际网络搭建的机会，他们可以与来自不同学科的同学建立联系，这些联系可能在其未来的个人职业生涯中发挥重要作用。

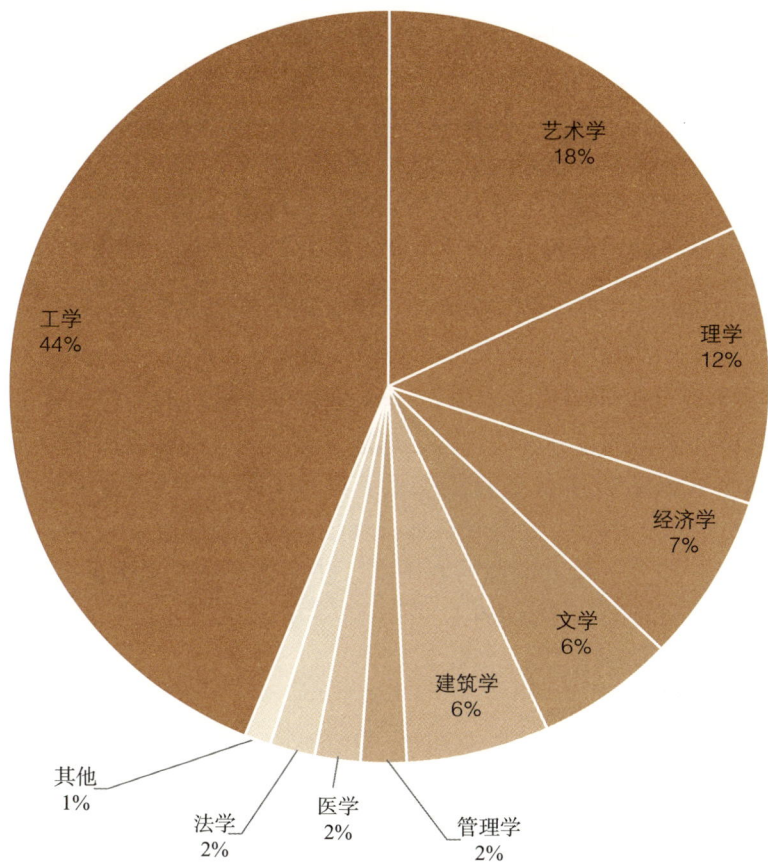

图 2-8　学生学科分布

2.5.2　开放融合

开放融合的培养特色体现在开放学习、与本科培养体系融合和与 iCenter 培养体系融合等三个方面。

1. 开放学习

AI 创证书项目的核心课程主要面向清华大学全体在校生开放，但其不仅仅限于证书学生，在确保本科生选课名额的前提下，也为研究生提供选课机会。同时这些课程面向所有年级和专业的学生，无须满足任何先修条件，辅修和第二学位的学生同样可以选修。这种开放性策略能让更多的学生群体受益，无论他们是否计划获得 AI 创证书。此举有助于建立一个校园内更加广泛的 AI 学习社区，以促进不同学科学生的交流与合作，激发更多学生参与 AI 创新的热情。

2. 与本科培养体系融合

AI 创证书项目的一项重要举措是将核心模块课程纳入全校通识课程体系，使其与清华大学本科学位培养体系紧密结合。这一举措使得学生可以将 AI 创证书的学习与本科学位的学习进行系统性规划，实现对学生的个性化培养。将核心模块课程纳入通识课程体系既为专业领域的学生提供了拓展学习的机会，也使得非专业学生能够接触并理解 AI 的基本概念和应用。这样的布局有助于激发来自不同学科学生对 AI 应用的兴趣和探索，进一步推动跨学科的学习与创新。

3. 与 iCenter 培养体系融合

AI 创证书项目培养体系是清华 iCenter 创新创业模块的关键内容。此外，AI 创证书项目核心课程经过分解与重构，形成了多个独立的精品教学单元。这些单元可以被清华 iCenter 培养体系直接应用于其他课程或创新创业活动中，从人工智能的初探、通识、体验、实践到行远，逐步深入。通过这一过程实现了优质教学资源的共享，提升了教育资源的利用率，并为更多学生提供了接触 AI 实践应用和参与创新活动的机会（图 2-9）。

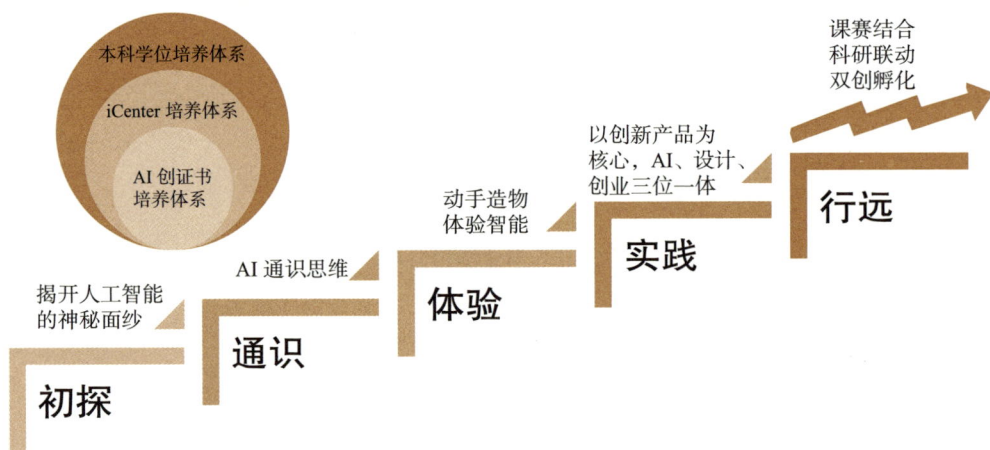

图 2-9　AI 创证书与 iCenter 培养体系的阶梯式融合

第 3 章　培养方案

3.1　培养目标

　　AI 创证书项目基于国家创新驱动发展战略，面向全球共性的前沿领域，聚焦人工智能应用，通过跨学科学习和团队实践，提升学生的人工智能思维，使学生掌握全球化背景下的创新创业理论、方法和工具，并以人工智能创新产品开发为核心，提高学生应用人工智能技术开展创新创业实践的能力，提高学生的创新力和领导力，培养学生的首创精神与企业家精神。

　　AI 创证书面向清华大学全体在校生开放，主要目标受众为清华大学各年级、各专业本科生。学生按培养要求修满学分后，可获得由清华大学教务处与清华大学基础工业训练中心共同颁发的"人工智能创新创业能力提升证书"。AI 创证书以跨学科实践为特色，跨院系学生将在跨学科导师团队的指导下，围绕人工智能创新应用开展实践。AI 创证书当前已开设有 6 个创新实践模块，分别是：智能产品、机器人、智慧医疗、智慧城市、智能交通、智慧能源（图 3-1）。

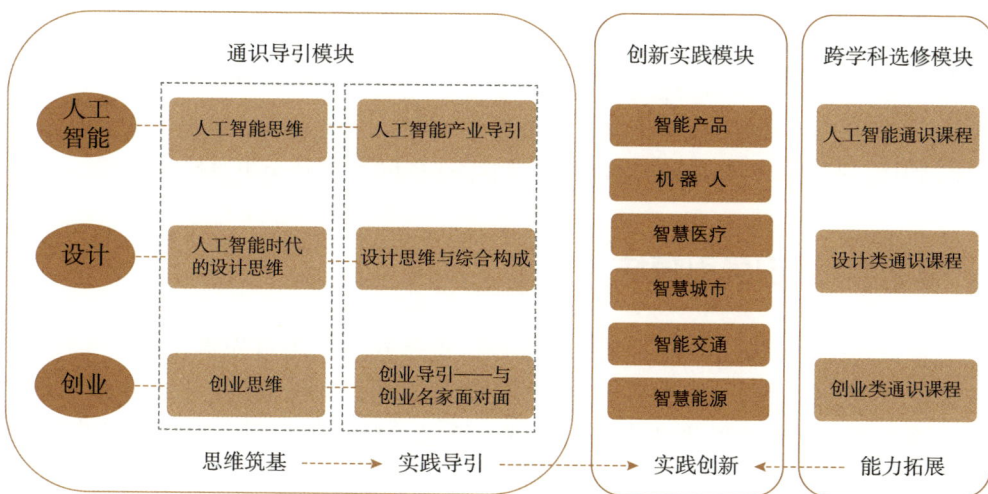

图 3-1　AI 创证书培养方案

通过 AI 创证书项目，学生可以获得：

（1）人工智能创新创业能力提升证书；

（2）基于项目成果，报名参加挑战杯、中国国际大学生创新大赛、"校长杯"创新挑战赛等各类相关赛事及活动；

（3）基于项目成果，继续深入开展科研或创新实践，参与大学生创新创业训练计划、大学生研究训练项目等，并获得导师指导；

（4）在导师指导下申请发明专利；

（5）发表科技论文；

（6）创业启程或创业发展。

3.2 课程设置

AI 创证书项目要求学生修读总学分不低于 10 学分，培养方案由通识导引模块、创新实践模块、跨学科选修模块三部分组成。

通识导引模块包含 6 门课程，在学科维度上由人工智能、设计、创业三个单元构成，每个单元包含两门课程，每个单元的两门课程按照培养职能的不同分别开展有侧重的培养。思维筑基课程侧重培养学生的思维模式，实践导引课程侧重引导学生从思维建立走向创新实践。

创新实践模块通过带领学生开展"真刀真枪"的实践，将通识导引模块中的人工智能、设计、创业有机贯通，进一步提高学生应用人工智能开展创新创业的能力。该模块课程全部为项目制的实践课程，项目来源广泛，可以为学生发起、教师建议、企业提出等。

跨学科选修模块是对创新实践模块的增强与拓展。学生在实践中需要补充、加强、拓展的部分，可以通过该模块的学习来完成。该模块除培养方案内已有课程外，还用开放学分替代申请制度，鼓励学生根据个人发展需求在清华大学全校课程库中，不限本科生或研究生课程，自主选择同类型乃至更高阶的课程。

3.2.1 通识导引模块

通识导引模块是 AI 创证书必修模块，也是建议学生首先学习的重要模块。该模块包含 6 门课程，均为清华大学通识课程，涵盖了科学、艺术、社科三个类别的通识课组，每个类别各有两门课程。通过该模块的学习，学生可以获得 AI 创证书核心模块学分，还能满足其本科主修专业培养方案中对通识选修课的部分学分要求。

通识导引模块的课程由人工智能、设计、创业三个单元的课程构成，每个单元各包含两门课程，分别完成思维筑基与实践导引的培养任务。

1. 人工智能单元

人工智能单元由"人工智能思维"与"人工智能产业导引"两门课程构成，它们相辅相成，但培养各有侧重。"人工智能思维"课程侧重培养学生理解人工智能的概念和本质，掌握人工智能的基础知识与核心方法，建立学生的人工智能基础思维，能够将人工智能思维与专业思维有机结合，去思考和判断未来产业和社会中的各种问题及发展趋势，从而发现问题、解决问题。"人工智能产业导引"以 AI 创证书创新实践模块所涉及的智慧医疗、智慧城市、智慧能源、智能交通、智能产品、机器人等 AI 交叉实践领域为基础，侧重带领学生多角度了解人工智能的可能应用及为各专业领域带来的变革，认知人工智能在各个产业领域的应用现状、应用案例及应用前景，以及当前存在的问题，为学生构建能够发现问题的人工智能应用场景，并为下一步创新实践模块的学习打开视野、奠定基础、开拓思路（图 3-2）。

人工智能思维	人工智能产业导引
侧重人工智能 概念和本质 基础思维 基础知识与核心方法	侧重人工智能 应用领域 应用案例 应用前景

图 3-2　人工智能单元两门课程侧重点

2. 设计单元

设计单元由"人工智能时代的设计思维"与"设计思维与综合构成"两门课

程组成，它们相辅相成，但培养各有侧重。"人工智能时代的设计思维"侧重培养学生能够以人工智能时代为背景，将设计创新与时代特质、国家战略、经济转型、企业创新，以及人类命运共同体等多维度思考汇聚成一个有机整体，理解和掌握设计思维的基本内涵、时代特质、思维方式以及创新路径。"设计思维与综合构成"侧重运用设计思维开展训练与实践，通过设计基础知识的讲解与训练，提高学生学会用设计的思维方法发现、分析、解决问题的能力；鼓励和帮助学生身体力行地实践，将理论知识与实践融为一体，在具体项目和实践中提高设计的统筹力和协调力；建立设计的初步判断能力，同时逐步提高学生对于设计的理解、融会贯通直至创造、创新的能力（图3-3）。

人工智能时代
的设计思维

设计思维与综合构成

侧重人工智能时代设计思维的
基本内涵
时代特质
思维方式
创新路径

侧重运用设计思维
开展训练与实践
提高统筹力、协调力
建立初步的判断能力
提高发现、分析、解决问题的能力

图 3-3　设计单元两门课程侧重点

3. 创业单元

创业单元由"创业思维"与"创业导引——与创业名家面对面"两门课程组成，它们相辅相成，但培养各有侧重。"创业思维"侧重培养学生像创业者一样思考和行动，引导学生从无到有地构建一个有科学含量、商业含量、社会价值含量的目标。并通过理论授课与项目实践相结合，引导学生在知行合一的实践中贯穿创业所涉及的关键思维，学习如何把一个想法变成一项技术、一个产品、一件商品、一个服务，并创造价值。"创业导引——与创业名家面对面"侧重为学生提供创业家的创业实践案例，通过创业家的深度分享以及与学生面对面的交流，以创业家的经验和最佳实践引导学生树立正确的创业理念、挖掘创业潜能、激发创业热情，并为未来的创业做好必要的储备（图3-4）。

创业思维

创业导引

侧重培养学生
像创业者一样行动与思考
知行合一贯穿创业思维
学习如何实现想法
创造价值

侧重
创业家深度分享与交流
最佳实践引导
挖掘创业潜能
激发创业热情

图3-4　创业单元两门课程侧重点

4. 课程列表

本模块为 AI 创证书必修单元，共 6 门课程，要求学生至少修读 2 门课程，并建议学生根据个人知识结构，在人工智能、设计及创业单元中各修读 1 门课程。其中，"人工智能思维""人工智能时代的设计思维""设计思维与综合构成""创业思维"已入选清华大学优质通识课建设计划（表3-1）。

表 3-1　通识导引模块课程

课程分类	课程名称	学分	课程性质	通识课组
人工智能	人工智能思维	2	通识选修课	科学课组
	人工智能产业导引	2	通识选修课	科学课组
设计	人工智能时代的设计思维	3	通识选修课	艺术课组
	设计思维与综合构成	3	通识选修课	艺术课组
创业	创业思维	3	通识选修课	社科课组
	创业导引——与创业名家面对面	2	通识选修课	社科课组

3.2.2 创新实践模块

本模块为 AI 创证书必修单元，要求学生至少修读 1 门课程，并建议有余力的学生学习多个不同方向的实践课程。学生将在团队项目中深度实践如何利用人工智能创新解决问题。同时鼓励有余力的学生选择多门课程以提高人工智能实践能力。其中，"智慧医疗创新体验"已被评为清华大学通识荣誉课及清华大学精品课，"智慧城市专业创新实践""机器人专业创新实践（设计方法）"已入选清华大学优质通识课建设计划（表 3-2）。

表 3-2　创新实践模块课程

实践方向	课程名称	学分	课程性质	通识课组
智慧医疗	智慧医疗创新体验	2	通识荣誉课	科学课组
	智慧医疗专业创新实践	3	通识选修课	科学课组
智慧城市	智慧城市专业创新实践	3	通识选修课	科学课组
智慧能源	智慧能源技术与创新	3	通识选修课	科学课组
智能交通	智能交通创新实践	3	通识选修课	科学课组
智能产品	人工智能产品创新实践	3	通识选修课	科学课组
机器人	机器人专业创新实践（设计方法）	3	通识选修课	科学课组
	机器人专业创新实践（原型制作）	3	通识选修课	科学课组

3.2.3 跨学科选修模块

本模块是选修模块，帮助学生进一步拓展和加强在人工智能基础、相关技术以及创新创业方面的认知及能力，以支撑创新实践模块的学习（表 3-3）。

表 3-3　跨学科选修模块课程

序号	课程名称	学分	课程性质
1	走近人工智能	2	通识选修课
2	人文视角下的人工智能	2	通识选修课
3	心智探秘	3	通识选修课
4	健康医疗数据科学	2	通识选修课

序号	课程名称	学分	课程性质
5	走近医学	2	通识荣誉课
6	转化医学工程	2	通识荣誉课
7	医学与人类文明的进步	2	通识选修课
8	智能机器人初探	1	通识选修课
9	机器人认知与实践	2	通识选修课
10	太空机器人技术研讨	1	通识选修课
11	智能交通系统	1	通识选修课
12	智能化汽车	1	通识选修课
13	智能汽车安全	2	通识选修课
14	从智能感知到物联网	2	通识选修课
15	智能传感在社会生活中的应用	2	通识选修课
16	智能安全城市	1	通识选修课
17	探索未来城市：智慧、韧性与可持续	2	通识选修课
18	新城市科学	2	通识选修课
19	个性化 3D 设计与实现	2	通识选修课
20	法律思维	3	通识荣誉课
21	产品创造系统工程学	2	通识选修课
22	实验室科研探究	1	通识选修课

3.3 结业要求

　　本项目面向清华大学全体在校生开放，受众以本科生为主，兼顾少量研究生。项目实行学分制管理，学生可根据项目方案自主修读课程，并于在校期间修满要求的全部学分，但不得超过学生注册年限。

　　学生在达到 AI 创证书要求的学分后，可向清华大学基础工业训练中心提交项目证书申请，通过资格审查、符合培养要求者可获得由清华大学教务处与清华大学基础工业训练中心共同颁发的项目证书。

3.4 核心课程简介

人工智能思维

本课程面向各专业学生，通过引人入胜的 AI 案例来引领学生无障碍地进入人工智能的世界，掌握人工智能思维。在理论环节，课程通过结合最新的产业案例和实际应用场景，帮助学生掌握人工智能思维的核心理念和方法；在实践环节，课程将使学生深入体验真实的 AI 应用，体验其能力，思考和解决其在现实中遇到的挑战。学生将通过案例学习与实践体验逐步建立起对人工智能的深刻理解，学会如何运用 AI 思维来分析和解决问题。最终，本课程的目标是培养学生具备人工智能思维，使其能够在各自的专业领域中灵活应用，推动学科交叉创新，并成为能够理解并主动运用人工智能技术的专业人才。

人工智能产业导引

针对新工科人才创意创新创业能力培养需求，本课程面向各个专业学生开展人工智能产业导引通识教育。课程以创新创业项目为载体，以人工智能产品为导向，依托交叉学科平台和产业实践平台，帮助学生了解人工智能在多个领域的应用，引导学生打开创新实践思路，为创新实践项目的实施奠定理论基础。课程涉及人工智能创新创业的多个产业领域，如智能硬件、机器人、智能交通、智慧医疗、智慧城市等，通过创新创业基础知识和创新理念的教授，指导学生运用嵌入式产业最新的技术工具，掌握人工智能产业项目的设计方法和基本技能，多角度了解人工智能的可能应用以及其为各专业领域带来的变革，以开启学生思路，为创新创业奠定基础。课程采用了专业讲座、实验室参观、产业走访等教学形式。

人工智能时代的设计思维

本课程是建立在成熟的"设计思维"课程基础上的，与当今人工智能技术相结合，从新质生产力和国家发展战略等角度理解和认识创新创业的意义与价值，强调创新型人才应该具有融人文精神与科学精神于一体的能力，将"艺术与科学融合"课程理念与国家发展和人类命运共同体，以及人工智能时代的新兴产业相融合。课程以人工智能时代为背景，将设计创新与时代特质、国家战略、经济转型、企业创新，以及人类命运共同体等多维度思考汇聚成一个有机整体，使学生掌握设计思维的基本内涵与时代特质；通过系统梳理人类生产文明的基本历程，培养学生从生产方式和新质生产力的角度理解和掌握设计的思维方式和创新路径；引导学生正确认识人工智能时代下的设计创新与先进科技之间的有机联系，并善于将生产文明与生活品质联结成一个整体进行思考，为未来社会的创新和价值内容形成开创能力。

设计思维与综合构成

本课程面向本科生，是一门与多学科相关并交叉的课程。根据设计学科的发展脉络、设计与当代社会具有密不可分的联系，以及设计与未来多个新兴技术和产业之间的发展趋势的梳理，使学生对设计学科形成大体的了解和体验。本课程包括设计的意涵、形式美法则与生活万物、设计中名词与动词的思考、设计思维等四大组成部分。其中，设计中关于名词与动词的思考是重中之重。同时，在设计的综合构成内容中将结合设计原理、技术、结构、材料等要素共同构成设计的完整性和系统性，以帮助学生在具体项目和实践中建立设计的统筹力和协调力。

创业思维

创业是一种思考、推理和行动模式，是一种追求机会、整体权衡、具有领导能力的行为。本课程旨在培养学生像创业者一样去思考和行动，其本质是创造性地解决挑战性问题，并创造经济价值和社会价值。本课程从创新意识培养、创业能力提升、政策和商业环境认知、创业项目实践等四个方面综合培养学生的创业意识、创新精神和创新创业能力。首先，课程通过创业者的自我评估，启发学生的创业意识和创新精神，引导学生发现自身潜在的创业素养；其次，通过机会发现、团队组建、用户需求、产品设计与运营等内容的讲授与训练，培养学生的创新创业能力；再次，学生将通过创业环境认知系统走进商业的模拟世界，学会如何实现产品的可持续发展；最后，通过小组合作的项目实践，培养自我及团队的创新创业能力。本课程的学习形式多样，包括基础知识在线学习、课堂案例学习与讨论、创业环境认知系统实操、团队项目实践等。

创业导引——与创业名家面对面

本课程旨在培养兼具企业家精神、创新力、领导力和创业知识的创新创业型人才。课程为拥有创业梦想与激情的学生提供基础的、系统的创业知识和技能讲解，通过与知名创业家面对面交流，以知名创业家的经验和最佳实践引导学生树立正确的创业理念、挖掘创业潜能、激发创业热情，并为未来的创业做好必要的储备。

创新实践模块介绍

当前本模块开设了 6 个领域的实践课程，分别是智慧医疗、智慧城市、智慧能源、智能交通、智能产品、机器人。

- 智慧医疗：针对广大人民对健康、高质量生活的向往，以及老龄化社会对疾病精准高效的预防和诊疗需求，课程以人工智能、生物医学工程和基础临床医学为依托，探索远程、智能、精准的疾病预防和诊疗技术应用模式，并完成产品原型或设计，以实现技术向临床的转化。

- **智慧城市**：针对城市、建筑、环境、景观、水务、能源等应用场景，课程基于物联网技术，小尺度关注智慧家居、智能建筑设计、智能电力及能效需求侧管理、设备管理及建筑节能等；中尺度聚焦智慧化城市环境、景观、智能新能源发电的设计、监测与管理；大尺度探索城市大数据的挖掘及智慧化、系统化应用；总体基于前瞻性视角，并以产业化为导向，强调参与性、创新性、应用性，以探索多尺度的人居环境问题的创新解决策略。

- **智慧能源**：与产业深度融合，针对智能电网、绿色电力、低碳生活等各种真实应用场景需求，课程探索能源技术与人工智能结合在节能降碳各个领域的应用、价值与未来方向，并通过创新实践完成产品原型设计与商业价值判断。

- **智能交通**：课程将创造一个在合作环境下探索研究的学习环境，面向未来交通创新技术、产品或模式，通过师生协同实践的方式完成诸如大数据AI分析、车辆和飞行器无人驾驶、先进交通管理和基础设施规划、未来交通商业运营模式等开发或设计项目。课程注重在实践中衔接和运用跨领域跨学科的理论知识和专业技能，并结合社会需求和科技发展趋势，探索智能交通领域的未来技术和创新创业方向。

- **智能产品**：与产业深度融合，针对智慧生产、学习、生活等各种真实应用场景需求，探索人工智能技术在产品创新、创意、创造中的应用、价值与未来方向，并通过创新实践完成产品原型设计与商业价值判断。

- **机器人**：针对服务、娱乐、教育、军事等领域的需求，课程以机器学习及人工智能等前沿技术为依托，以产业化为导向，探索具有创新性的机器人产品设计与原型技术，以实现技术向生产力的转化。

3.5　学习规划指导

学生可以在1~2年内完成课程学习，规划2~3个学期为最优（表3-4）。

学生可以从通识导引模块开始学习。该模块涉及人工智能、设计、创业3个单元，共6门课程，学生至少需要完成2门课程的学习。在开始创新实践模块学习前，为达到最佳学习效果，个人知识储备最好已包含这3个单元的基本内容，无论是从 AI 创证书的课程学习中还是从本专业的学习中获得均可。例如，拥有设计专业背景的学生可以选择学习人工智能及创业单元的通识导引课程，拥有商科专业背景的学生可以选择学习人工智能及设计单元的通识导引课程，AI 相关专业的学生可以选择学习设计及创业单元的通识导引课程。

创新实践模块可以在完成通识导引模块的学习之后开始，也可以在通识导引模块后期学习时同时开始。创新实践模块有 6 个实践单元，对 AI 应用实践有浓厚兴趣且有余力的学生可以尝试多个单元的实践课程。

跨学科选修模块是对通识导引模块和创新实践模块的加强与拓展。如果学生在学习中希望继续深化并加强人工智能、设计或创业相关单元的学习，或者在创新实践中需要提高相关方面的能力，可以通过跨学科选修模块来实现。AI 创证书还鼓励学生根据个人实际学习情况，自主从清华大学全校课程库中选择更具深度的课程，以支持学分替代。

表 3-4　AI 创证书学习规划指导

第一学期	第二学期	第三学期
通识导引模块		
	创新实践模块	
跨学科选修模块		

第 4 章　人工智能模块

4.1　人工智能思维（Artificial Intelligence Thinking）

课程名称：人工智能思维

Course: Artificial Intelligence Thinking

课程学分：2

Credits: 2

教学团队：由来自清华 iCenter 的 2 名教师、4 名工程师组成，并根据教学需求邀请产业专家参与教学（图 4-1）。

Teaching team: The team is composed of 2 professors and 4 engineers from Tsinghua iCenter. Industry experts are also invited to participate in teaching based on course requirements.

图 4-1　教学团队构成

4.1.1 课程信息（Course Information）

1. 课程简介（Course Description）

本课程从各专业学生能够无门槛快速进入的 AI 案例和故事出发，从"图灵测试"讲到"机器人语音对话"，从"Alpha Go 战胜围棋王者李世石"讲到"无人驾驶汽车"，从"文本搜索"讲到"大语言模型"，层层深入，引导学生走进人工智能的核心世界，逐步建立人工智能思维，能够理解并主动运用人工智能思维思考和解决问题。本课程重在培养学生建立人工智能思维，使之用于其专业领域的学科交叉创新，使学生理解人工智能的基本原理，还启发学生探索性思考数据、算法与应用之间的相互关系。本课程结合产业前沿案例和真实应用场景，引导学生理解人工智能思维的基本方式和核心思想，并通过设计实践带领学生沉浸于人工智能思维的世界，深入理解人工智能的原理及能力，以及解决实际中面临的挑战。

This course starts with AI cases and stories that are accessible to students from all disciplines, ranging from the "Turing Test" to "robotic voice interactions", from "Alpha Go defeating Go champion Lee Sedol" to "autonomous vehicles", and from "text search" to "large language models". It progressively guides students into the core world of artificial intelligence, gradually building an AI mindset, enabling them to understand and actively use this mindset to think and solve problems. The focus of this course is on cultivating an AI mindset in students, applying it to interdisciplinary innovation within their fields of study. It not only helps students understand the basic principles of artificial intelligence but also inspires them to explore the interrelationships among data, algorithms, and applications. By integrating cutting-edge industrial cases and real-world applications, the course guides students to understand the fundamental ways and core ideas of AI thinking. Through design practices, it immerses students in the world of AI thinking, allowing them to deeply understand the principles and capabilities of artificial intelligence, as well as the challenges faced in practical applications.

2. 课程定位（Course Positioning）

人类社会正处在第四次工业革命的开端，人工智能已成为第四次工业革命的核心驱动力，且正处于一个高速发展、创新应用的阶段。世界各国都已经将人工智能应用上升至国家战略高度，人工智能领域的人才培养已成为高校的发展趋势和重要任务。

本课程是清华大学通识课程，面向全校各院系本科生，强调"无学科门槛，有学理深度"，还强调"高定位"和"高挑战度"。该课程同时也是清华大学本科课程证书项目"人工智能创新创业能力提升证书"的核心课程,强调通识教育与专业教育融合、创新教育与工程实践教育融合。

　　课程总体目标是培养"高素质、高层次、多样化、创造性"的复合型人才,帮助学生建立人工智能思维,掌握人工智能基本原理,树立人工智能技术发展的正确价值观和综合治理观,锻炼使用人工智能技术进行跨学科交叉创新的能力,思考、探索和实践行业前沿问题的创新解决方案。

3. 通识教育理念（General Education Philosophy）

　　（1）教学理念

　　秉持清华大学"三位一体"教育理念,本课程在知识层面,培养学生掌握人工智能基本原理,学习 8 种重要思维方法,掌握 AI 前沿技术的特点与内涵;在能力层面,培养学生学科交叉的创新思维方式,培养学生跨学科解决问题的能力;在价值层面,树立学生"科技报国"价值观和正确的科技伦理观。

　　（2）内容选择

　　课程主要包括如下内容。

　　通识思维：讲授通识的 8 种 AI 思维（机器思维、赋能思维、数据思维、计算思维、拟人思维、软硬思维、交互思维、伦理思维）和人工智能的基础知识,学习、体验和思考机器学习和深度学习的基本知识和工作原理。

　　AI 实践：针对 8 种思维设计实践学习任务,训练利用人工智能技术赋能真实行业问题解决方案的能力,掌握技术、设计、商业等交叉学科相结合的创新方法。

4. 课程基本信息（Course Arrangements）

课程名称 Course Name	人工智能思维 Artificial Intelligence Thinking			
学分学时	学分	3	总学时	78
预期学习成效	通过本课程学习,学生将了解人工智能的发展趋势,认识人工智能在未来社会中的地位和价值,理解人工智能的概念和本质,掌握计算机科学的基本工作原理和方法,掌握人工智能的基础知识,能够运用人工智能思维方式去思考和判断未来产业和社会中的各种问题及发展趋势。同时,本课程还将培养学生的学科交叉创新意识和学科交叉合作能力,锻炼学生在交叉领域中发现创新机会,并协作开拓创新的能力。			
课程分类	本科			
课程类型	本科公共基础课			
课程特色	文化素质课,通识选修课			
课程类别	人工智能基础类			

课程名称 Course Name		人工智能思维 Artificial Intelligence Thinking		
学分学时	学分	3	总学时	78
授课语种	中文			
考核方式	考试 □　考查 ☑			
教材及参考书	无			
先修要求	无			
适用院系及专业	全校各专业			
成绩评定标准	（1）平时成绩 30 分 （2）小组创新项目 40 分 （3）个人报告 30 分			

4.1.2 教学设计（Teaching Design）

1. 教学目标（Teaching Objectives）

本课程秉持清华大学"三位一体"教育理念，课程目标包括：

（1）知识层面：掌握人工智能基本原理，学习 8 种重要思维方法，掌握人工智能的前沿技术特点与内涵；

（2）能力层面：培养学生学科交叉的创新思维方式，培养学生跨学科解决问题的能力；

（3）价值层面：树立"科技报国"价值观和正确的科技伦理观。

2. 教学大纲（Syllabus）

第几讲 Lecture Number	主要内容 Main Content	课时 Class Hour 教学 / 实践 / 课外 Teaching / Practice / Extracurricular
1	人工智能简史：从发展看思维变迁 　　从 1950 年人工智能之梦开始，经过了感知探索、专家系统、网络智能，再到今日的深度学习，人工智能经历 60 年，再次被推到风口浪尖，发展历程中的经验往往能够启迪未来。	3 / 0 / 6

第几讲 Lecture Number	主要内容 Main Content	课时 Class Hour 教学 / 实践 / 课外 Teaching / Practice / Extracurricular
1	AI 是什么？ AI 对人类影响有多大？ AI 思维是什么？ AI 思维为什么重要？ A Brief History of Artificial Intelligence: Changes in Thinking through Development Starting from the dream of artificial intelligence in 1950, through perceptual exploration, expert systems, network intelligence, and today's deep learning, artificial intelligence has been pushed into the limelight again after 60 years, and the lessons learned from the developmental journey can often enlighten the future. What is AI? How much does AI affect human beings? What is AI thinking? Why is AI thinking important?	3 / 0 / 6
2	人工智能知识体系：多学科交叉融合 概念关乎着事物的发展方向。 人工智能到底是行为方式像人，还是思考方式像人？一门人工智能课程包含了多学科的学问，它的知识体系如何？ Artificial Intelligence Body of Knowledge: A Multidisciplinary Cross-fertilization Concepts are about the direction of things. Does artificial intelligence act like a human being or think like a human being? Artificial Intelligence, a discipline that encompasses multiple disciplines, how is its knowledge system?	3 / 0 / 6
3	机器思维：人机共生，知机善任 机器学习是指让机器可以自主获得事物规律。要让机器可以"学习"，必须将生活中的数据（包括但不限于图像、文字、语音）数值化，将不同事物的变化和关联转化为运算。机器学习可以成立的原因是：概念和数值、关系和运算可以相互映射。 Machine Thinking: Human-Machine Symbiosis, Knowing the Machines Machine learning refers to making machines can autonomously acquire the laws of things. In order for machines to be able to "learn", the data in life (including but not limited to images,	2 / 1 / 6

第几讲 Lecture Number	主要内容 Main Content	课时 Class Hour 教学 / 实践 / 课外 Teaching / Practice / Extracurricular
3	text, and speech) must be numericalized, and the changes and associations of different things must be transformed into operations. Machine learning can be justified by the fact that concepts and values, relations and operations can be mapped to each other.	2 / 1 / 6
4	数据思维：机器向人学经验，言传图教 在数据思维的框架下，数据不仅是数字或信息的集合，更是一种宝贵的资源，可以用来揭示模式、趋势和关联，从而帮助我们更好地理解复杂的现象。拥有数据思维能力的个体，能够更有效地与人工智能系统交互和开展创新。 Data Thinking: Machines Learn Lessons from People and Teach by Words Within the framework of data thinking, data is not just a collection of numbers or information, but a valuable resource that can be used to reveal patterns, trends, and associations that can help us better understand complex phenomena. Individuals with data thinking skills are able to interact and innovate more effectively with AI systems.	2 / 1 / 6
5	拟人思维：机器向人学结构——神经网络 深度学习是一种机器学习方法，是层数较多的神经网络方法，它允许我们训练人工智能来预测输出，并给定一组输入（指传入或传出计算机的信息）。语音识别、自动翻译、拍照翻译、自动驾驶都是深度学习的"代表作"。 在深度神经网络中，机器在模仿我们的脑，未来机器模仿什么？机器能模仿我们的心吗？ Anthropomorphic thinking: machines learn structure from humans-neural networks Deep Learning is a machine learning method, a neural network method with many layers, which allows us to train artificial intelligence to predict the output, given a set of inputs (information coming into or out of the computer). Speech recognition, automatic translation, photo translation, and autonomous driving are all "masterpieces" of deep learning. In deep neural networks, machines are imitating our brains. What will machines imitate in the future? Can machines imitate our hearts?	3 / 0 / 6

第几讲 Lecture Number	主要内容 Main Content	课时 Class Hour 教学 / 实践 / 课外 Teaching / Practice / Extracurricular
6	计算思维：人向机器学条例，像计算机一样思考 　　计算思维是运用计算机科学的基础概念进行问题求解、系统设计，以及人类行为理解等涵盖计算机科学之广度的一系列思维活动。 Computational Thinking: Man Learns from Machine, Thinks Like a Computer 　　Computational thinking is a series of thinking activities that cover the breadth of computer science, such as problem solving, system design, and understanding of human behavior, using fundamental concepts of computer science.	2 / 1 / 6
7	软硬思维：软件与硬件的辩证 　　"三好学生"讲究德、智、体全面发展，AI 发展与应用是否也应该走软硬兼施的道路。软件需要硬化，硬件需要软化。软件需要以实物形式出现（案例：智能音箱），才能给人们更好的场景化、实体性和自然感。硬件需要配备芯片和算法（案例：智慧工厂），融入思想，才能在生产和生活中贴近人们实时变化的需求。 Hard and Soft Thinking: The Dialectic of Software and Hardware 　　The "three good students" emphasize the all-round development of morality, intelligence and physical fitness, and the development and application of AI should also take the road of both software and hardware. Software needs to be hardened and hardware needs to be softened. Software needs to appear in physical form (case in point: smart speakers) in order to give people a better scenario, physicality and a sense of nature. Hardware needs to be equipped with chips and algorithms (case in point: smart factories) and integrated with ideas in order to be close to people's real-time changing needs in production and life.	1 / 2 / 6
8	交互思维：大语言模型开启通用人工智能 　　信息输入，无论是键盘输入还是触屏输入都是人类最自然的输入方式。用耳听、用嘴说是人类最习惯的交流方式（案例：语音导航交互），用眼看、用脑想是人类更高级的交互方式（案例：刷脸支付）。AI 能否让机器依从人类的本能进行最自然的沟通？ Interactive Thinking: Big Language Modeling Enables General Artificial Intelligence 　　Information input, whether keyboard or touch screen is the	1 / 2 / 6

第几讲 Lecture Number	主要内容 Main Content	课时 Class Hour 教学 / 实践 / 课外 Teaching / Practice / Extracurricular
8	most natural way for humans to input information. Listening with the ears and speaking with the mouth are the most customary ways for humans to communicate (case in point: voice navigation interaction), while seeing with the eyes and thinking with the brain are the more advanced ways for humans to interact (case in point: face swipe for payment), can AI allow machines to follow human instincts and communicate in the most natural way?	1 / 2 / 6
9	赋能思维（AI+）：升级你的竞争力 　　现在的事情如果用 AI 去重做，原有产品将被升级，原有范式将被升维。比如用手机进行搜索，传统方式用文字搜索，AI 思维下用语音搜索，准确率更高、速度更快。 Empowerment Thinking (AI+): Upgrading Your Competitiveness 　　Nowadays, if things are redone with AI, the original product will be upgraded and the original paradigm will be upgraded. For example, if you search with your cell phone, the traditional way is to search with text, and with AI thinking, you can search with voice, which is more accurate and faster.	1 / 2 / 6
10	伦理思维：决定人工智能的未来 　　讲授：已经涌现出的自我博弈、群体智能、人机混合智能、跨媒体推理等若干新特征，同时知识图谱和知识表达都是有潜力的未来发展方向。 　　研讨：深度学习是 AI 的最佳发展之路吗？ Ethical Thinking: Determining the Future of Artificial Intelligence 　　Lecture: Several new features such as self-gaming, group intelligence, human-machine hybrid intelligence, cross-media reasoning, etc. have emerged, while knowledge graphs and knowledge representation are promising future directions. 　　Seminar: Is deep learning the best path forward for AI?	3 / 0 / 6
11	小组合作报告汇报与总结 　　（1）报告题目：基于调研中发现的行业实际问题，设计解决方案，分析技术可行性，计算市场价值，设计初步的商业模式。 　　（2）以小组为单位宣讲和演示报告。 　　（3）提问与答辩。 　　（4）报告评价和课程总结。	2 / 0 / 4

第几讲 Lecture Number	主要内容 Main Content	课时 Class Hour 教学 / 实践 / 课外 Teaching / Practice / Extracurricular
11	Reporting and summarizing of group cooperation report 　(1) Report topic: Based on the actual problems found in the industry, design solutions, analyze the technical feasibility, calculate the market value and design a preliminary business model. 　(2) Presentation and demonstration of the report by group. 　(3) Questions and defense. 　(4) Report evaluation and course summary.	2 / 0 / 4
合计 Total	教学课时：23　实践课时：9　课外课时：64 Teaching Hours: 23　Practice Hours: 9　Extracurricular Hours: 64	

3. 教学方法（Teaching Methods）

（1）讲授行业前沿案例，如数字鸿沟、算法歧视、大数据杀熟、隐私保护，以及机器人是否应该拥有公民身份等，树立"科技报国"价值观，培养学生正确的科技伦理观。

（2）开展"课赛结合"，提高学业挑战度。课程衍生项目：参加学生竞赛、SRT、大创项目。

（3）探索"产教融合"，以时代前沿问题为大作业主题，激发学生科研志趣。

（4）研发"实践教学平台"。2022 年建成"人工智能创新创业实践教学平台"；2023 年建成基于大语言模型的 iThink 实践教学平台，支撑学生快速开发大语言模型赋能的创新应用实践。

（5）小班研讨及实践环节强调 8 种人工智能思维方法的运用和巩固，并开展问题思辨和宏观思考。通过产教协同育人，注重创造力、想象力的培养，注重面向真实应用的创新体验。

思维名称	小班研讨及实践主题	教学环节的设计思路
机器思维	机器学习与人类智能：相似与差异	探讨机器是如何通过算法模拟人类的思维过程进行学习和决策的。
赋能思维	人工智能在提升人类工作效率中的作用	了解人工智能如何提高人类的能力并帮助我们更好地完成任务。
数据思维	大数据时代：数据驱动的决策制定	分析数据如何成为现代决策过程中不可或缺的一部分，以及如何利用数据进行有效决策。

思维名称	小班研讨及实践主题	教学环节的设计思路
计算思维	编程与问题解决：计算思维的实践	了解计算方法如何帮助我们系统地理解和解决问题，特别是在编程和算法开发中的应用。
拟人思维	情感人工智能：机器能否理解人类情感?	讨论人工智能在模仿人类行为和情感方面的能力，以及人机交互的意义。
软硬思维	软硬协同：构建高效人工智能系统的挑战	探索软件和硬件如何相互作用，以及如何共同构成一个完整的人工智能系统，并分析这种协同对 AI 性能的影响。
交互思维	人机界面设计：如何提升用户交互体验	研究人机交互设计如何影响用户体验，并探讨如何设计更自然、更直观的交互界面。
伦理思维	人工智能伦理：技术发展的道德边界	讨论人工智能发展中可能遇到的伦理问题，包括隐私、偏见和责任等方面的社会影响。

开展小班研讨，针对学习和生活中的实际案例进行基于人工智能思维的重新设计，以更深入地理解人工智能的原理和在实操中面临的挑战。

4. 学习评价（Learning Assessment）

课程建立了多维度学习评价。

1）评价标准

课堂表现（30%）：考查学生在学习中的思考深度及在实践中的动手能力。

小组研讨（30%）：考查小组在合作中学生的充分沟通与分享、跨学科思考的相互激发。

小组交叉创新项目（40%）：评估选题的价值性、解决方案的深入性、学科交叉的创新性和智能技术的可行性。

2）评定方式

采用多维度、过程性评价方法，在评价中既有教师、助教、朋辈的主观记录与评估，也有雨课堂、在线系统和智能教室的客观记录，还有行业专家的第三方反馈。

小组项目采用"师生共同评议"机制，让学生更多地参与课程建设。

5. 教学特色（Teaching Characteristics）

1）坚持"三位一体"教育理念，注重课程思政建设（图4-2）

树立 AI 技术发展的正确价值观，学习和完善治理规则。

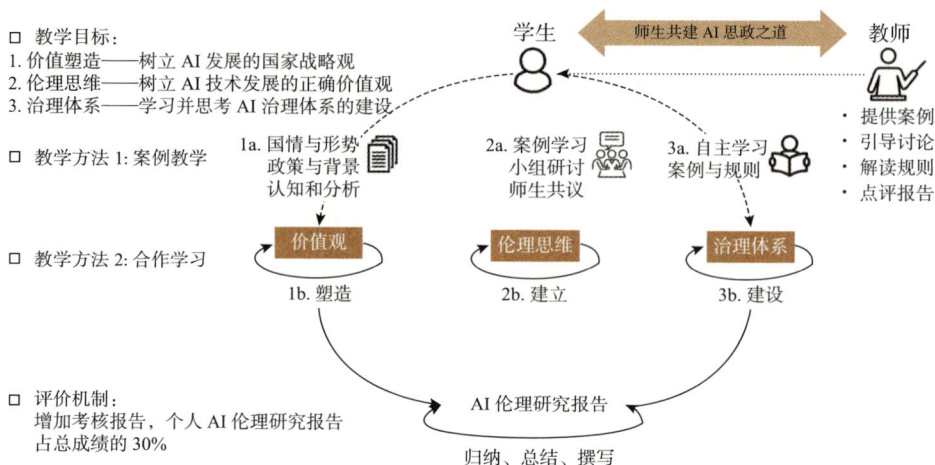

图 4-2 思政建设

（1）通过案例教学（如算法歧视、大数据杀熟、隐私保护，以及机器人是否应该拥有公民身份等案例教学），认知和分析案例中的伦理问题，引导学生深入思考伦理问题的本质与应对方案。

（2）通过小组讨论、全班分享和师生共议，深入交流每个人对人工智能伦理问题的思考，最终目的是帮助每个学生树立人工智能技术发展的正确价值观。正确的价值观是学生分析未来可能出现的伦理问题的重要依据和基本出发点。

（3）引导学生自主学习案例与规则。引导学生主动学习我国及国际社会已有的人工智能治理方面的法律法规，从批判思维角度出发，建设和完善治理规则，并提出个人的解决方案。

（4）通过归纳、总结之前的伦理问题思考、价值观建立、治理规则建设等方面的内容，撰写个人的 AI 伦理研究报告，以升华对人工智能价值与治理的认识，形成自己完整的人工智能科学伦理准则成果。

2）加强人工智能赋能创新的思维培养

在掌握人工智能通识思维的基础上，培养学生主动将人工智能技术应用于更多行业的意识，以谋求技术升级和产业升级。人工智能的赋能作用对多学科交叉创新发展是一个典型示范，因为人工智能涉及心理学、认知科学、图像学、语言学和信息学等多学科。人工智能既源于多学科，又用于多学科。

加强人工智能跨学科交叉创新思维的训练举措包括如下几项。

（1）帮助学生提高正确的价值判断能力。例如，主题研讨：人工智能陪伴能否代替子女陪伴，给老人带来慰藉？

（2）帮助学生提高逻辑思维能力。以大作业选题为基础，鼓励学生建立市场与技术的交叉矩阵，通过逻辑分析，找出交叉创新的空白领域。

（3）帮助学生提高批判思维能力和主动创新能力。在教学中引入头脑风暴、第二曲线创新等训练。

3）产教深度融合以促进 AI 学习实践

将企业的生动案例引入教学，将国家、产业亟待解决的重要问题带进课堂，帮助学生"走近"产业前沿，深入了解人工智能思维是如何与产业紧密结合的，以激发学生的学习志趣和创新精神。

建立校企合作双导师联合授课与指导机制，发挥学校导师专业理论扎实和企业导师技术思路开阔的优势，实现学生的理论学习和实践能力并举发展，从而保障跨学科人才的培养质量。

4）校企合作共建优质教学资源

企业提供实习基地和优质硬件资源保障，并选派优秀管理者或技术专家参与教学设计与授课。通过校企合作，企业可以获得来自学校师生的创新思路，学生可以获得视野、知识与能力的拓展，教师可以了解到产业前沿问题，从而实现学校与企业优势互补、资源共享、互惠互利、共同发展。

4.1.3 教学案例（Teaching Cases）

课程能够有效地帮助学生建立人工智能思维，掌握人工智能的基本原理，实践学科交叉创新。课程的突出成效体现为"有效提高了学业挑战度，激发了学生学习志趣"，其成果如下所示。

（1）每期课程均产生出 4 个以上的创新实践项目。

（2）课程累计衍生出 6 个 SRT 项目、5 个大创项目。

（3）课程衍生项目参加了学生竞赛与评比，获得"中国机器人及人工智能大赛"国家级一等奖 3 项，"清华大学学生实验室建设贡献奖"一等奖、二等奖各 1 项。

1. 项目名称：看见·云中城——智慧城市市域治理方案

项目成员：

张宸语 自动化系 | 王奕贺 建筑学院 | 王浠睿 探微书院

张津铭 未央书院

项目介绍：

本项目旨在设计一个智慧城市市域治理平台，以解决公共安全视频监控、系统建设与应用中存在的系统性问题。该平台将利用先进技术实现数据的分类分级、安全统一、共享和管理，并通过云边协同实现算力的合理分配。

市场需求：

现有的公共安全视频监控系统面临着诸多挑战，尤其是在视频监控探头的建设和管理上。某市已部署了 42 536 个监控探头，其中属于公安机关管理的仅占很小一部分，而社会单位建设的监控探头占总数的 92.5%。针对这一情况，本项目旨在解决现有系统的分类分级管理、数据共享、数据管理等问题，并通过云边协同实现算力的合理分配，以创建一个能够实时更新和筛选数据的共享平台，从而提升智慧城市市域治理的效率和效果。

本项目方案设计了智慧城市市域治理平台的逻辑架构和技术架构（图 4-3、图 4-4）。该平台采用 5G 通信技术进行数据传输，集成了智能算法和数据共享平台，并由集中管理平台（CMO）提供统一服务和进行数据库管理，以确保数据的安全保存和统一编码。在技术架构方面，实现了云边协同，包括算力协同、数据协同以及联网协同离网自治，以支持不同业务场景。在平台功能方面，内置了人脸分析、车辆分析、行为分析、环境分析等智能分析算法，能够在设备断网或损坏时自动进行本地自治。设备被盗时可自动触发密钥开关，增强了系统的安全性和可靠性。此外，平台支持多种边缘模式按需配置，以适应私人、企业和政府部门的不同视频资源管理需求，并实现资源异构化承载、联网协同离线自治。通过这些设计，平台能够最大化利用现有设备，节约成本。同时保证边缘及时处理和高可靠性，并降低带宽使用，以实现数据的合理存储和按需管理。

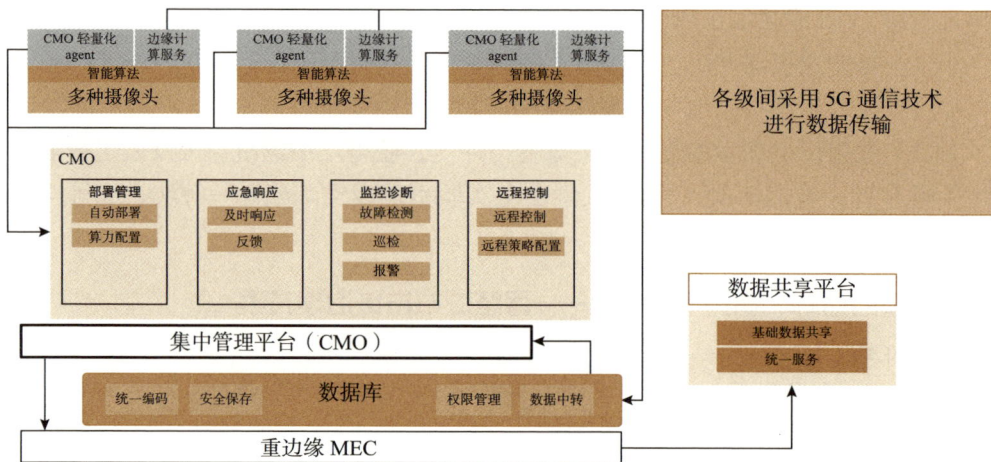

图 4-3 平台逻辑架构

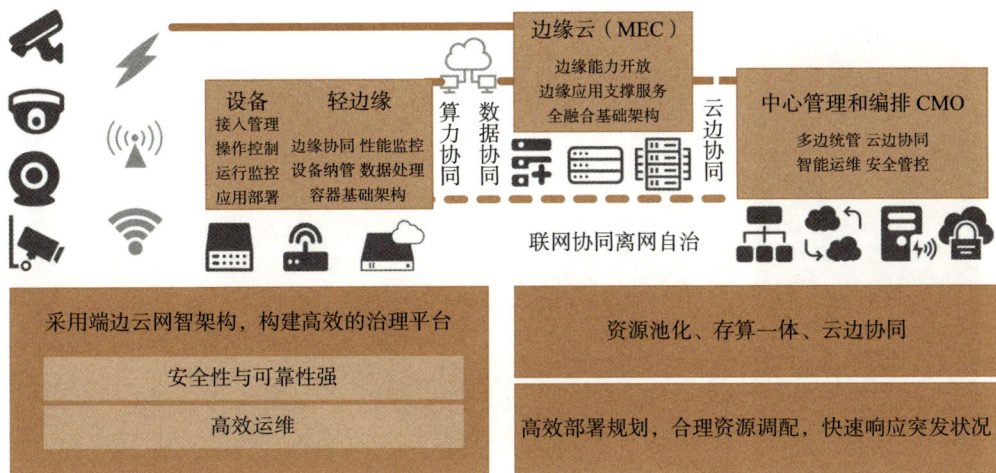

图 4-4　平台技术架构

2. 项目名称：AI 钢琴教练

项目成员：

邹豪 电子系 ｜ 李欣瑶 经管学院 ｜ 贺春蕾 美术学院 ｜ 袁乐康 自动化系

项目介绍：

AI 钢琴教练项目旨在解决钢琴学习者在自主练习过程中遇到的实时反馈不足问题。通过应用人工智能技术，为钢琴学习者提供实时反馈，帮助学习者及时纠正错误，提高练习效率。

项目背景：

钢琴基本功对于钢琴学习者至关重要，但错误习惯一旦养成，纠正起来就非常困难。钢琴学习者在没有教师指导的情况下，难以获得及时反馈，自主练习效果不佳。此外，持续依赖钢琴教师进行练习的成本较高，且教师无法提供一周七天的持续反馈。因此，该项目旨在通过 AI 技术辅助钢琴学习者在没有教师在场的情况下，通过实时反馈来提高练习效率和质量，并解决钢琴自主练习中的关键问题。

产品功能：

AI 钢琴教练包括"看姿势"和"听声音"两大核心模块。"看姿势"模块利用关键点识别技术能够实时反馈学习者的手指姿势、手指击键动态、手腕放松和端正坐姿等，以指导和纠正弹琴姿势。"听声音"模块则通过声音智能判断音质，提供声音的可视化、统计分析，帮助学习者掌握声音的清晰度、均匀度、节奏感和速度（图 4-5）。

看姿势

实时
把馈

针对
指导

手指姿势
手指击键动态
手指跑动能力
手腕放松
端正坐姿
⋯⋯⋯

图 4-5　AI 钢琴教练

产品设计：

该产品注重细节和用户体验，采用了医用硅胶保护套、高精度采样技术、110° 对角视角摄像头、蓝牙连接方式，并配备了电源。产品设计还包括了绅士帽式遮挡、鹰眼摄像头、降噪麦克风、双曲柄结构以及吸盘式底座，以适应不同钢琴尺寸并保护钢琴漆面。

技术实现：

项目构建了两个技术框架："看"框架通过图像特征分析和问题细分，实现将手指击键等的多元分析变换到钢琴坐标系中；"听"框架则通过分析音符值、速度、键按下间隔等参数，结合传统钢琴的听音辨识或电子钢琴的 MIDI 输入，实现声音的统计、分析和实时可视化。这些技术的综合应用，为钢琴学习者提供了一个全面、科学且智能化的练习辅助工具。

3. 项目名称：Icebreaker

项目成员：

陈家璇 车辆学院 ｜ 张霄 生医工程学院 ｜ 杨政昊 工程物理系
支一轩 新雅书院 ｜ 袁悦 经管学院

项目介绍：

Icebreaker 项目旨在解决现代社会人们普遍存在的社交恐惧症，尤其是面对陌生人时难以开启对话的问题。项目通过分析用户数据，快速匹配用户之间的相似特征，以帮助人们在社交场合迅速破冰，发现共同话题。

产品功能：

Icebreaker 是一款智能社交辅助软件，利用大数据分析技术，自动找出符合个人特征的标签，并在用户间自动匹配共同话题点。软件可安装在智能设备上，如手机、手表或智能眼镜等。用户首次使用时需要选择希望展示的个人信息标签，当两个用户处于一定距离内时，系统会根据双方标签自动生成提示性语句，帮助双方快速找到共同话题，以避免尬聊。

技术实现：

Icebreaker 的技术核心在于大数据特征的提取。软件通过 AI 收集用户授权的社交、旅游等数据，运用多层感知机、卷积神经网络、残差收缩网络等进行大数据分析，以提取个人的关键标签。虽然用户无法自行设定或由他人设定标签内容，但可以选择展示哪些个人信息标签。

伦理讨论：

项目团队对可能出现的 AI 伦理道德问题进行了讨论，包括标签的真实性、数据收集时的隐私保护，以及恶意应用场景的预防。

4. 项目名称：MagiMirror——家庭智能穿衣镜

项目成员：

李思韵 电机系 ┃ 吴雨昊 化工系 ┃ 李新成 经管学院 ┃ 徐大源 经管学院
张晓钰 美术学院

项目介绍：

MagiMirror 是一款面向家庭的智能穿衣镜软件，旨在解决用户日常穿衣选择困难、线上购物难试衣、线下试衣烦琐等问题。通过三维模拟试穿技术和连接电商平台，MagiMirror 提供了一个更靠谱的购衣辅助工具，同时也是个人形象的管理"专家"。

MagiMirror 在人工智能和大数据技术快速发展的背景下拥有广阔的应用前景。这得益于国家政策支持和行业增长，预计到 2030 年，人工智能核心产业规模将超过 1 万亿元，这为 MagiMirror 提供了巨大的发展空间。在场景应用上，MagiMirror 利用增强现实（AR）技术，并通过 3D 扫描和人工智能快速建立个性化虚拟形象，实现线上快速试衣，同时结合用户体型、肤色、个人喜好等数据提供个性化的穿搭推荐。此外，它还能根据天气、用户日程和个人喜好，为用户提供日常穿搭建议，并通过智能模拟试衣功能，让用户实时看到试穿效果，提高选衣效率（图 4-6）。

MagiMirror 集多种智能服务于一身，包括个人日程同步、实时信息推送、衣物信息管理、手势交互、智能补光，以及电商平台的购物车和商城功能。这些功能共同构成了一个全面的产品特点，旨在为用户提供便捷的日常穿搭和良好的购物体验。

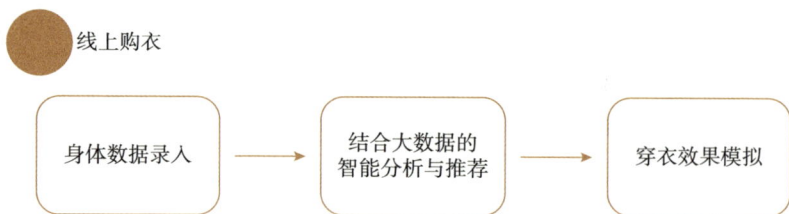

线上购衣

身体数据录入 → 结合大数据的智能分析与推荐 → 穿衣效果模拟

利用增强现实（AR），通过3D扫描技术和人工智能技术，可以在3~5秒内完成对消费者身高、三围等数据的测量，并快速建立个性化的3D虚拟形象，让消费者不用脱衣就可以试穿众多品牌的心仪款式。

图 4-6　MagiMirror

在产品特点方面，MagiMirror 采用玻璃与显示设备无缝贴合技术，增强了产品美感。同时利用手势识别技术，为用户提供了适合换衣场景的交互方式。此外，它还能与电商平台互通信息，成为家庭中的实体购衣终端，并计划发展成包括智能化妆镜、健身镜在内的产品系列，还可以与其他智能家居设备实现互联。

在技术实现方面，MagiMirror 依托于先进的 3D 扫描技术和人工智能算法，能快速建立用户的个性化 3D 虚拟形象，以实现三维模拟试穿。它还可实现体型类型、肤色类型、个人喜好等多维度数据分析，为用户提供精准的智能推荐。此外，MagiMirror 还能进行智能模拟试衣，联合线上购物软件实时显示试穿效果，并在同一屏幕上对比不同试穿效果。同时提供保存图片分享功能，让用户可以轻松分享试穿效果给朋友和家人，以帮助选择。这些技术的集成不仅提升了用户体验，也使得 MagiMirror 成为一款创新的智能家居产品。

5. 项目名称：课上有你——基于机器学习和用户画像的选课决策系统

项目成员：

黄宗乐 电子系 ｜ 黄千驰 经管学院 ｜ 梁烨 软件学院 ｜ 李明暄 机械系

项目背景：

在大学生活中，选课是一个不可回避的挑战，它关系到学生的知识结构、兴趣发展和未来规划。由于信息不对称、目标不明确或者对专业培养方案缺乏了解等原因，不同学生面临着不同的选课难题（图 4-7）。例如，一些学生可能只追求高分易课，而另一些学生则可能希望根据自己的兴趣和专业要求作出更合理的选择。

想要尽可能高
的成绩和尽可
能多的收获

挑选适合自己的
课好麻烦……

想上包含××的
课，但课程信息
里不会写……

课程评分的参
考性太低了！

图4-7　课上有你

产品功能：

课上有你是一个创新的选课决策系统，它利用机器学习和用户画像技术，为学生提供定制化的选课推荐方案。该系统的核心功能在于数据分析，通过大数据和机器学习算法，构建了课程与个人之间的关联矩阵，从而评估出课程难易度与知识收获量，以帮助学生作出更全面和更合理的选课决策。系统还能提供全面的能力评价信息，反馈训练结果以完善模型合理性，最终帮助学生根据自己的兴趣、专业要求和职业规划，作出最佳的课程选择。

核心技术：

课上有你选课决策系统采用了聚类分析、神经网络、自然语言处理（NLP）和爬虫等技术。聚类分析技术用于识别课程间的相关性，并将课程进行分类，以帮助系统更客观地评估学生的综合能力并生成能力成长报告。神经网络技术用于预测学生学习特定课程的成绩和所需时间。自然语言处理技术用于解析课程大纲和学生评价，并提取有用信息以供决策。爬虫技术则用于收集课程大纲、历史数据和学习时间等关键信息。这些技术的结合使得系统能够高效地分析和处理大量数据，为学生提供科学、个性化的选课建议。

在产品价值方面，课上有你选课决策系统通过提供个性化的选课推荐，帮助学生优化学习路径，确保选择课程既能满足学分要求也能促进个人兴趣和职业发展。系统的社会价值体现在促进学生之间的良性竞争，减少信息不对称带来的不利影响，鼓励学生作出更多样化的选择，以避免盲目从众和迷茫。此外，系统还能生成除成绩单之外的能力报告，支持学生的全面发展。同时响应教育部门的号召，辅助学生进行自我发现和未来职业规划。在商业价值方面，作为一个 To B 型产品，课上有你具有高度的可推广性，能够服务于全国范围内的大学，为学生、教师和学校创造价值，实现多方共赢。

4.2 人工智能产业导引（Introduction to AI Industry）

课程名称：人工智能产业导引

Course：Introduction to AI Industry

课程学分：2

Credits: 2

教学团队：由 12 名教师组成，分别来自清华 iCenter、清华计算机科学与技术系、清华自动化系、清华土木水利学院、清华建筑学院、清华美术学院、北京清华长庚医院，并根据教学需求邀请产业专家参与教学（图 4-8）。

Teaching team: The team is composed of 12 faculty members from Tsinghua University, specifically from Tsinghua iCenter, the Department of Computer Science and Technology, the Department of Automation, the School of Civil Engineering, the School of Architecture, the Academy of Arts & Design, and the Beijing Tsinghua Changgung Hospital. Industry experts are also invited to participate in teaching based on course requirements.

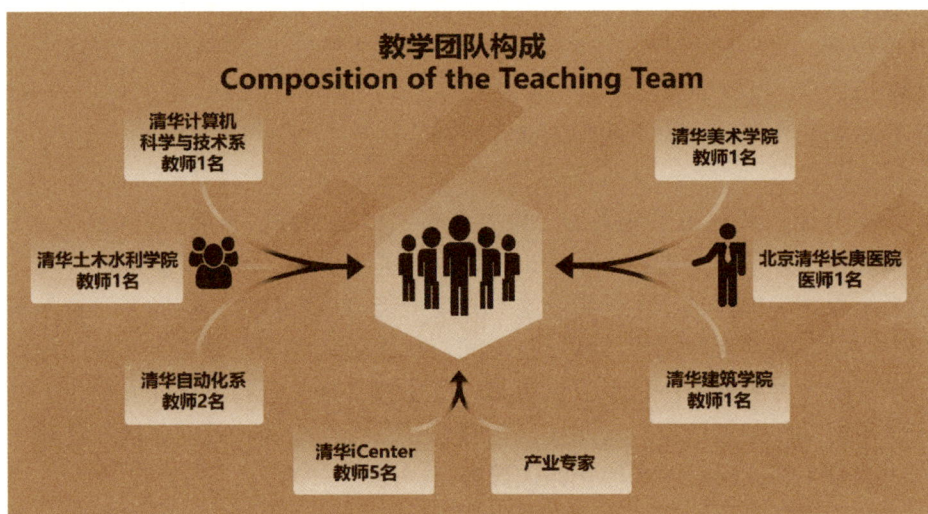

图 4-8　教学团队构成

4.2.1 课程信息（Course Information）

1. 课程简介（Course Description）

本课程旨在为学生提供全面、系统的人工智能产业知识，包括 AI 基本原理、应用领域、发展趋势以及产业现状。课程适用于对 AI 产业感兴趣的非专业学生，同时也为专业学生提供一个跨学科的学习机会。通过这门课程的学习，学生不仅可以学习基本理论知识，还可以培养人工智能素养、实践能力、解决实际问题的能力，为他们在人工智能领域的职业发展奠定基础。

本课程涉及人工智能创新创业能力提升证书项目关注的多个专业领域，包括智慧医疗、智慧城市、智慧能源、智能交通、智能产品、机器人。通过案例分析和项目实践，鼓励学生将人工智能技术与自己的专业领域相结合，打破学科壁垒。课程内容紧跟人工智能领域的前沿发展，及时引入新技术、新成果，以保证知识的时效性和前沿性。同时还全面介绍了 AI 的基本概念、技术原理、核心算法、应用领域、发展历程、市场现状、政策伦理以及未来展望等内容。

This course aims to provide students with a comprehensive and systematic understanding of the artificial intelligence industry, including its fundamental principles, application fields, development trends, and current status. It is suitable for non-major students interested in the AI industry and also offers a cross-disciplinary learning opportunity for professional students. Through this course, students will not only learn basic theoretical knowledge but also cultivate AI literacy, practical skills, and the ability to solve real-world problems, laying a foundation for their development in the field of artificial intelligence.

This course involves multiple professional fields of the AI Innovation and Entrepreneurship Capability Certificate program, including smart healthcare, smart city, smart energy, intelligent transportation, smart product, and robotics. Through case studies and project practice, students are encouraged to integrate AI technology with their own professional fields and break down disciplinary barriers. The course content follows the cutting-edge development in the field of AI and introduces new technologies and achievements in a timely manner to ensure the timeliness and cutting-edge of knowledge. It also provides a comprehensive introduction to the basic concepts, technical principles, core algorithms, application areas, development history, market status, policy ethics, and future outlook of AI.

2. 课程定位（Course Positioning）

课程定位在于培养学生的人工智能素养，为其未来在人工智能领域的深入学习和工作实践打下基础。另外，课程还注重培养学生的批判性思维和创新能力，使其在学习过程中不断发现问题、解决问题，为其提供一个全面、系统且前沿的人工智能知识体系。课程在实施过程中结合清华大学"三位一体"的教育理念，围绕人工智能在智能产品、机器人、智能交通、智慧医疗、智慧城市、智慧金融、智慧教育、智慧农业等领域的应用情况，引导学生打开创新实践思路，为创新实践项目的实施奠定理论基础。

价值层面：

（1）帮助学生树立正确的科技伦理观念，关注 AI 技术的社会影响和可持续发展。

（2）培养学生对人工智能技术的兴趣和热情，鼓励学生积极探索和创新。

（3）增强学生对人工智能产业的责任感和使命感，提高他们为社会做贡献的意愿。

能力层面：

（1）培养学生创新思维和跨界整合能力，鼓励学生将人工智能技术与其他领域相结合，创造出新的应用模式。

（2）提升团队协作和沟通能力，鼓励学生在团队中有效发挥自己的作用。

（3）具备初步的项目规划和实施能力，鼓励学生针对某一问题或需求提出人工智能解决方案。

（4）鼓励学生运用所学知识分析人工智能产业的发展趋势和市场需求。

知识层面：

（1）了解人工智能的主要技术，如机器学习、深度学习、自然语言处理等。

（2）熟悉人工智能在各行业中的应用场景和案例。

（3）理解人工智能产业的基本结构、产业链和商业模式。

课程强调人工智能技术的社会影响和责任，引导学生认识技术的双刃剑特性，培养他们在研发和应用中遵循伦理原则，关注社会公平和可持续发展。鼓励学生从多个角度审视人工智能，如经济、社会、法律等，从而形成全面的价值观和判断力。课程通过实际案例和项目，培养学生应用人工智能技术解决实际问题的能力，同时激发他们的创新思维，鼓励他们在现有技术基础上进行创新和拓展。鼓励学生批判地看待人工智能的理论和应用，并能够提出独立的见解。同时，通过团队项目的讨论，培养学生的团队协作和沟通能力。课程提供了扎实的人工智能基础理论，包括机器学习、深度学习、自然语言处理等。同时，课程关注人工智能的最新发展和前沿动态，以便学生了解行业的最新趋势。同时通过实践培养学生的实践技能。通过教授各种工具和平台的使用方法，让学生能够将理论知识应用到实际项目中，以提高他们的动手能力和积累实践经验。

3. 通识教育理念（General Education Philosophy）

人工智能产业导引课程强调以学生为中心，通过问题导向、案例分析、项目驱动等多种教学方法，激发学生的学习兴趣和主动性。通过这门课程，学生能够了解人工智能的基本概念、原理和应用，还能够掌握人工智能在不同领域的实际运用和未来发展趋势。

在内容选择上，本课程紧扣人工智能产业的前沿动态，涵盖机器学习、深度学习、自然语言处理、计算机视觉等多个核心领域。课程主要介绍人工智能的基本概念、发展历程和核心技术；同时结合实际应用场景，探讨人工智能在医疗、金融、交通、教育、能源、城市、机器人、智能产品等行业的具体应用；分析全球 AI 产业的发展现状和未来趋势，并讨论了 AI 技术涉及的伦理问题和相关法规政策。在内容组织上，遵循由浅入深、循序渐进的原则，确保学生能够逐步掌握相关知识和技能。最后通过对未来社会的展望和预测，激发学生的想象力和创造力，为其未来在人工智能领域的探索和发展提供指引。

4. 课程基本信息（Course Arrangements）

课程名称 Course Name	人工智能产业导引 Introduction to AI Industry			
学分学时	学分	2	总学时	40
预期学习成效	在课程结束时，学生团队应对人工智能创新创业能力项目有较为清晰的思路和认知，以拓宽对人工智能创新创业未来方向的认知。			
课程分类	本科			
课程类型	本科公共基础课			
课程特色	文化素质课，通识选修课			
课程类别	人工智能基础类			
授课语种	中文			
考核方式	考试□　考查☑			
教材及参考书	无			
先修要求	无			
适用院系及专业	全校各专业			
成绩评定标准	（1）考勤 20 分 （2）上课表现 30 分 （3）中期报告 20 分 （4）人工智能创新创业实践项目选题小组分析报告 30 分			

4.2.2　教学设计（Teaching Design）

1. 教学目标（Teaching Objectives）

本课程旨在为学生提供全面、系统的人工智能产业知识，培养学生人工智能通识素养和实践能力，使他们能够更好地适应未来社会的发展需求。通过这门课程的学习，学生不仅可以学习基本理论知识，还可以培养解决实际问题的能力，为他们在人工智能领域的职业发展奠定基础。另外还可以建立学生的通识人工智能思维，并提升应用人工智能技术开展创新创业的能力。

2. 教学大纲（Syllabus）

第几讲 Lecture Number	主要内容 Main Content	课时 Class Hour 教学 / 实践 / 课外 Teaching / Practice / Extracurricular
1	人工智能产业创新及应用现状：从人工智能产业的内涵、特征及产业链入手，剖析当前的运行情况，并对运行趋势进行展望。 Current Status of Innovation and Application in the Artificial Intelligence Industry: Starting with the connotation, characteristics, and industry chain of the artificial intelligence industry, this section analyzes the current operation and provides a prospective outlook on the trends.	2 / 0 / 2
2	智能交通产业的需求以及全新契机、产业最大需求与主要商业模式。 Demand and New Opportunities in the Intelligent Transportation Industry.	2 / 0 / 2
3	智能交通系统的认识与研究（涵盖智能交通、智能物流和智能汽车）。 Understanding and Research of Intelligent Transportation Systems (Including Intelligent Transportation, Intelligent Logistics, and Intelligent Vehicles).	2 / 0 / 2
4	智能机器人的服务、技术和产品以及市场化发展。 Service, Technology, and Products of Intelligent Robots and Their Market Development.	2 / 0 / 2
5	智能机器人创新创业的产品定位与方向：从发展生态的角度进行讲授，将智能机器人作为工具，发展机器人的核心部件、专业工具、机器人本体、软件、自主控制和无人化，以及在智能车间应用的机器人装备等。 Innovation and Entrepreneurship in Intelligent Robots: Product Positioning and Direction: From the perspective of developing an ecosystem, intelligent robots are considered as tools, with a focus on developing core components, specialized tools, robot bodies, software, autonomous control, and unmanned systems, as well as robot equipment applied in smart workshops.	2 / 0 / 2

第几讲 Lecture Number	主要内容 Main Content	课时 Class Hour 教学 / 实践 / 课外 Teaching / Practice / Extracurricular
6	人工智能创新创业与智能机器人及智能交通研讨会。 Symposium on Artificial Intelligence Innovation and Entrepreneurship, Intelligent Robots, and Intelligent Transportation.	2 / 3 / 2
7	智慧医疗的创新创业及产业介绍。 Introduction to Innovation and Entrepreneurship in Smart Healthcare and the Industry.	2 / 0 / 2
8	智慧医疗的需求以及全新契机、产业最大需求，包括：医学影像、医学 NLP、智慧养老、互联网＋中医药、肿瘤行业、糖尿病行业、跨境医疗、智能医疗硬件。 Demand and New Opportunities in Smart Healthcare, and Major Industry Needs: This includes medical imaging, medical NLP (Natural Language Processing), smart elderly care, internet plus traditional Chinese medicine, oncology, diabetes industry, cross-border medical services, and smart medical hardware.	2 / 0 / 2
9	智能硬件的创新创业及产业介绍。 Innovation and Entrepreneurship in Smart Hardware and Industry Introduction.	2 / 0 / 2
10	智能硬件项目以及智能硬件产品的核心关键技术。 Core and Key Technologies of Smart Hardware Projects and Product.	2 / 0 / 2
11	智慧城市的创新创业及产业介绍。 Innovation and Entrepreneurship in Smart Cities and Industry Introduction.	2 / 0 / 2
12	智慧城市创新创业项目以及人工智能如何应用于智慧城市。 Smart Cities Innovation and Entrepreneurship Projects and How AI is Applied to Smart Cities.	2 / 0 / 2
13	人工智能与智慧城市、智慧医疗、智能硬件研讨会。 Symposium on Artificial Intelligence and Smart Cities, Smart Healthcare, and Smart Hardware.	2 / 2 / 2
14	人工智能的创新创业企业走访。 Visits to Artificial Intelligence Innovation and Entrepreneurship Enterprises.	2 / 3 / 2
15	人工智能与金融。 Artificial Intelligence and Finance.	2 / 0 / 2

第几讲 Lecture Number	主要内容 Main Content	课时 Class Hour 教学 / 实践 / 课外 Teaching / Practice / Extracurricular
16	人工智能创新创业实践项目选题分析报告。 Analysis Report on Selected Topics for Artificial Intelligence Innovation and Entrepreneurship Practice Projects.	2 / 0 / 2
合计 Total	教学课时：32　实践课时：8　课外课时：32 Teaching Hours: 32　Practice Hours: 8　Extracurricular Hours: 32	

3. 教学方法（Teaching Methods）

　　人工智能产业导引课程组建了一支由人工智能领域专家、企业技术骨干和教学经验丰富的教师组成的师资团队，共同为学生提供高质量的教学服务，并确保课程的高水平实施。课程内容紧密跟踪人工智能领域的最新技术动态和产业趋势，确保教学内容的前沿性和实用性。教学过程设置了多个实践环节，包括编程实践、项目实践、产业实践等，以提高学生的实践能力和动手能力。学生将有机会亲身参与人工智能项目的开发，了解人工智能技术在产业中的应用，培养解决实际问题的能力。通过本课程的学习，学生不仅能够掌握人工智能的基本理论和技能，还能够完成多个实践项目，积累宝贵的实践经验。同时，他们还将有机会参与各类竞赛、创业等活动，展示自己的才华和成果，为未来的职业发展打下坚实基础。

　　教学方法：

　　根据人工智能产业导引的培养方案，制定了课程的建设框架，明确模块、课程、资源包的具体内容及各类资源的建设标准。首先，通过团队共建、平台导览、产业认知、共学共研四个环节的交互作用，带领学生走进智能硬件、机器人、智能交通、智慧医疗、智慧城市、智慧金融、智慧教育等多个领域，逐步深入了解并思考人工智能的可能应用及为各领域带来的变革，开拓学生的思路。其次，通过创新创业基础知识和创新理念的教育，指导学生运用嵌入式产业最新的技术工具，掌握人工智能项目的设计方法和基本技能。最后，通过多角度了解人工智能的可能应用及为各专业领域带来的变革，开启学生思路，为创新创业能力项目的选题奠定基础。

　　教学手段：

　　（1）灵活运用各种教学方式：课程由线上线下融合、视频连线、专业讲座、实验室参观、雨课堂、产业走访共同构成。

（2）授课团队面向全球共性的前沿领域：聚焦人工智能创新产业的应用，使学生掌握全球化背景下的创新创业理论、方法和工具；以创新产品开发为核心，提高学生的创新力和领导力，培养学生的创业意识、创新精神和创造能力。

（3）充分利用清华大学跨学科创客实践平台 iCenter 的资源库：灵活组织教学和实地考察、走访内容以辅助教学实施；根据人工智能产业的发展和建设标准的变化，动态调整教学资源结构和内容，与时俱进地对教学资源库进行更新升级，以适应清华大学"三位一体"的高质量发展要求，持续突出资源库作为专业建设和课程改革有力抓手的地位，进一步提升人才培养质量。

（4）开展案例教学：教学中以人工智能产业发展过程中的真实项目为案例，供学生参考学习，具体包括企业信息化改造项目、企业人工智能技术融合改造项目、智能化规划项目、智能信息化平台建设项目、大数据智能分析项目等案例。

4. 学习评价（Learning Assessment）

针对学生的上课表现，任课老师采用雨课堂随堂回答以及现场提问、互动方式等来了解学生的学习情况。其中雨课堂回答分为 14 分，互动分为 2 分；针对通识讲座内容，采用课后作业的方式考查学生学习情况，作业分为 14 分。针对中期交流和期末汇报采用小组汇报打分的形式，采用组内打分和组间打分的形式对小组成果进行评价，汇报成果评价采用学生组内打分和组间打分的形式，10分为组内互评，小组之间互评为 30 分（导师占 50%、每个学生为其他小组打分占 50%）。最后针对学生收获情况，每个学生提交一份个人总结报告为 10 分。其余为考勤得分，采用雨课堂签到和随机点名的形式为 20 分。在学期中间采用问卷的形式对专家课程的讲座内容和课程安排情况进行摸底，了解学生的收获和课程意见。

5. 教学特色（Teaching Characteristics）

（1）理论与实践相结合：课程不仅注重理论知识的传授，还通过案例分析、项目实践等方式，让学生在实践中掌握知识和技能。

（2）学科融合：鼓励学生将人工智能技术与自己的专业领域相结合，打破学科壁垒，培养复合型人才。

（3）关注前沿动态：课程内容紧跟人工智能领域的前沿发展，及时引入新技术、新成果，保证知识的时效性和前沿性。

为了突出上述教学特色，本课程采取了如下具体措施。

①课赛结合：3~5 个学生为一组，进行 AI 产业调研和汇报。在研讨中，学生

将分组探讨人工智能的热点问题，分享最新研究成果，并就相关议题展开深入讨论。这种互动式教学不仅提升了学生的交流能力，还有助于培养他们的批判性思维和团队协作精神。

②试验和体验结合：教学过程中开展分组分批的智能产品体验和实验室参观、产业走访等。课程设置了丰富的实验和体验项目，包括 AR、VR、智能机器人、智能健身设备、数据分析、机器学习等。学生将亲自动手操作，通过实践掌握人工智能技术的实际应用。这种以实践为导向的教学方法有助于提高学生的动手能力和解决问题的能力（图 4-9）。

③技术应用案例和前沿发展结合：通过分析案例，学生能够直观地了解人工智能技术在医疗、交通、教育等领域的实际应用，从而增强学习的趣味性和知识的实用性。通过与企业、专家的交流互动，学生将有机会了解产业动态和发展趋势，为自己的职业规划和发展提供参考。

成形制造机器人焊接实验室参观

智能制造实验室、碳立方实验室参观与 AR、VR 产品的体验

未来实验室博士后工作站参观

人工智能实验室参观和智能产品的体验

海淀能量公园参观体验

未来智谷学生体验

智能小街（望京小街）参观体验

图 4-9　智能产品体验和实验室参观、产业走访

4.2.3 教学案例（Teaching Cases）

1. 项目名称：肠道胶囊机器人体内供能方案

项目成员：

高明亮 工业工程系 ｜ 钟赟龙 工业工程系 ｜ 周睿豪 化学系

项目介绍：

课程伊始邀请智慧医疗、智慧城市、智慧金融、智慧教育等七个领域的老师和专家来分享前沿的内容，并引导学生自发组织建立面向不同领域的探究群，主动寻找志同道合的伙伴，开展共同学习。同时通过本环节授课，引导各学科学生走进人工智能产业，建立对人工智能产业及应用场景的准确认知，建立对智慧医疗、智能交通、智慧城市等不同领域的概念认知和感性认识。

导师团队将剖析人工智能产业发展过程中的企业真实项目案例，供学生参考学习。引导学生在人工智能产业认知的基础上，通过发现问题、提出问题，思考可能的解决办法，以提高深入探究一个特定的人工智能应用领域的能力。

在 2021 秋季学期，北京清华长庚医院消化科主任医师给学生授课时指出，中国肠胃病患者超过 1.2 亿，消化性溃疡发病率为 10%，慢性胃炎发病率为 30%，每年新发现的 40 万胃癌患者占世界胃癌发病人数的 42%，每年内镜检查次数超过 6 000 万人次，其中胶囊内镜占比为 10%。由此提出问题：是否存在一种胶囊内镜的长续航供电方案，不服用泻药也可以加速肠道的蠕动？

该问题激起了来自导引课的工业工程系高明亮、化学系周睿豪等 5 名学生的极大兴趣。此后，导师团队指导学生在人工智能应用探究的基础上，开展实际调研，提出解决办法并付诸实施。最后他们小组提出通过小肠蠕动压迫表面压电材料产生的电能反过来刺激小肠内表面，使小肠进一步收缩产生向前的推力，使得胶囊在小肠内的运动加快，根据需要动态调整刺激电流的释放周期，实现运动速度调节，胶囊可以在病患处停留充分的时间进行检查或治疗。

该项目参加了清华大学第三届"SDG 开放创新马拉松挑战赛"，并获得最具投资价值奖。团队实现了从"学习者"到"创业者"的转变。

2. 项目名称：智能穿戴设备

项目成员：

李昕贻 新雅书院 ｜ 高成善 车辆学院 ｜ 刘晓波 化学系

程世昌 材料学院 ｜ 蒲佳明 车辆学院

项目介绍：

在蓬勃发展的智能技术的推动下，可穿戴设备产品迅速发展并被广泛应用，随之产生了大量数据。例如，在医学领域，传统的数据采集方法如抽血或拍片，以及心理学领域中的脑电实验，虽然准确度高，但存在成本高和操作不便的问题。为了解决这些问题，学生团队采用了光电容积脉搏波描记法的原理来简化数据采集过程：首先，使用 LED 光源照射人体，再通过检测器捕捉人体反射和吸收的光信号，然后将检测到的光信号转换为电信号，并进一步将电信号转换为数字信号以便于分析。

基于这种方法，能够直观地通过脉搏波形图来直接测量心率，并利用血红蛋白与氧合血红蛋白的不同消光系数来计算血氧饱和度。此外，学生团队还通过测量 PPG 信号并构建机器学习模型来实现无创血糖检测技术。

此外，未来得到与心理状态有关的数据，该系统通过分解复杂行为的方式，来间接换算成血压值，通过测量压力、温度、阻抗等生理信号来换算成某种心理状态。

最终，学生团队利用大数据和深度学习技术，结合 PPG 信号的获取、预处理和特征提取，构建了一个数据库。这个数据库将作为身份验证场景中匹配模板的基础，提高生物识别的安全性和识别率。学生团队的目标是让项目的部分数据的训练结果能够适应更广泛的情形，从而进一步提升识别的准确性（图 4-10）。

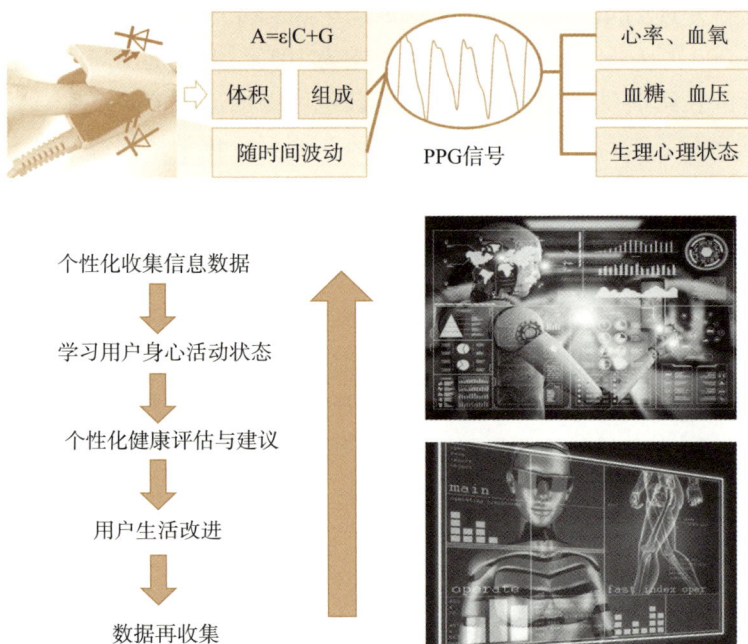

图 4-10   智能穿戴设备项目构思

3. 项目名称：基于 AI 的数字孪生在地铁检修系统中的应用

项目成员：

何志海 环境学院 ｜ 李真 社科学院 ｜ 樊鹏 机械系 ｜ 潘通宇 未央书院

项目介绍：

目前，在国外的地铁车辆段维护实践中，日本、德国、英国等国家已经采用了以数据驱动的预测性维护为主，现场即时维修为辅的策略，同时，还通过诊断分析来确定部件的维修周期，并根据需求来确定在停车场或车辆段进行维修。相比之下，国内地铁维修面临着运维成本高和专业技术人才短缺的问题。

为了解决国内地铁维修的上述问题，学生团队提出了一个结合人工智能（AI）和数字孪生技术的解决方案。该方案通过传感器和现有信息系统收集列车部件数据，快速建模形成系统沙盘，并利用 AI 分析这些数据，为决策提供指导和应急指挥。为此，该系统（AI 与数字孪生）需要实现以下主要目标：实现数据收集和数据库的建立，传感器的选型，数据的传输，以及建立直观的 3D 可视化模型。

为达成目标，学生团队为该系统设计了以下几个主要模块：控制系统、传感器、信息计算与传输、数学建模及高精度仿真等，通过上述模块的建立，该系统可实现的主要功能包括：

（1）故障预测与健康管理：通过状态评估、故障特征分析、故障诊断、故障预测、剩余寿命预测、模型矫正和维修服务，实现对列车部件的全面监控；

（2）数据实时感知与处理：在物理设备中实现数据的实时收集和处理；

（3）数据记录与仿真优化：在虚拟设备中进行数据记录、仿真优化和虚拟验证。

在系统调试过程中，学生团队持续优化已有的学习算法，以提供更有价值的数据，增强系统的稳定性，并优化数据库。通过这些措施旨在实现地铁系统的自我修复能力，从而提高工作效率并降低运营成本。

经过模拟系统运行，该系统成功达成了设计目标。该系统的主要优势和特色可以概括为以下四个方面：

（1）映射功能：利用传感技术将地铁车辆的实体映射到数字系统中；

（2）可视化：采用 3D 模型展示列车及其部件的数字映像，便于信息流通和管理；

（3）全生命周期管理：根据生成的数据进行全生命周期管理，并制订维修计划；

（4）故障预测：通过学习现有数据并结合新收集的数据，对列车运行过程中的数据进行监测，实现故障预测。

这些功能的集成，使得地铁系统能够更加智能和高效地运行，为未来的交通系统提供了新的可能性（图 4-11）。

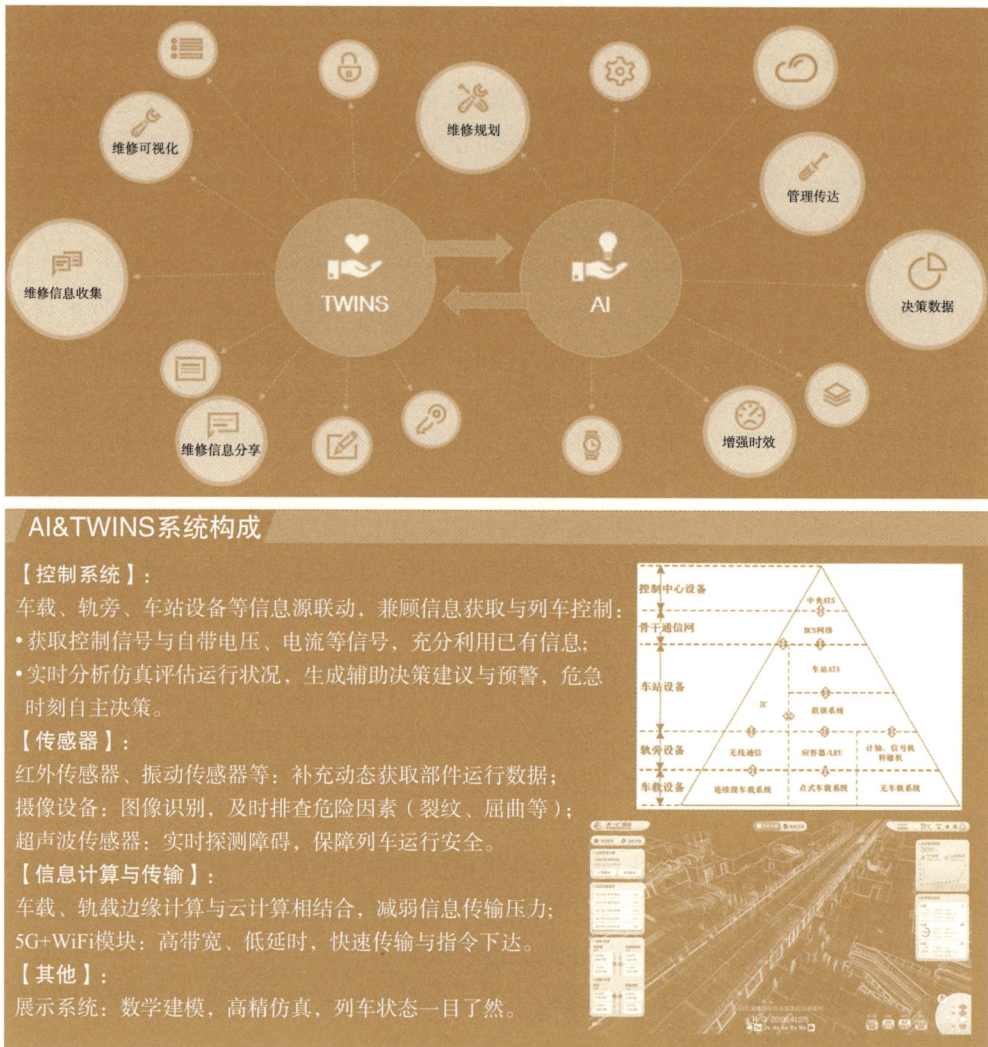

图 4-11　地铁检修系统中的系统思路和系统构成

4. 项目名称：机器人视 - 触觉融合感知技术

项目成员：

李明暄　机械系　｜　付博文　建筑学院

项目介绍：

随着智能机器人系统的发展，出现了对机器人具备更高级交互能力和灵巧操作能力的新需求。目前，视觉传感器虽然能够提供全局信息，但往往缺乏足够精细和完整的局部接触信息。为了解决这一问题，学生团队提出了一种视觉与触觉融合的立体传感系统，旨在建立人与机器人之间的有效沟通桥梁。

该系统的核心定位包括：视觉传感——提供非接触信息，如物体的姿势估计；触觉传感——细化物体的本征特性和接触行为估计。

该系统的工作原理包括以下方面。①信息应用：为机器人控制策略提供必要的接触反馈信息，帮助机器人实现自主抓取和操作。②信息重构：利用力学模型等方法构建映射关系，重构多模态、多维度的触觉特性。③信息提取：采集经过表征的光学信号，并通过图像处理技术从触觉图像中提取原始信息。④信息表征：在软弹性体上附加标志物等媒介，将无法直接测量的形变信息转换为可测量的反射光信号（图4-12）。

> ➤ **信息融合的可行性**：选择基于光学图像的触觉传感元件，使得视-触觉反馈信息能共同作为CNN网络中的原始数据输入（相当于多相机并置，可以依靠从模型训练到ImageNet上的对象分类权重的关联）。
> ➤ **信息融合的优势**：最先进的视觉算法也难以在没有先验信息的情况下实现有遮挡的物体本征属性（如几何形状、纹理材质、软硬程度），但通过提供接触反馈可以显著减少伺服的积分行程和轨迹误差。

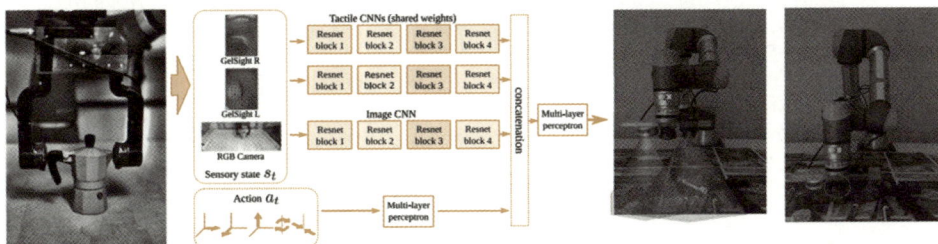

视-触觉融合的新思路：用光学图像方法测量触觉信息，共同以图像信息为载体

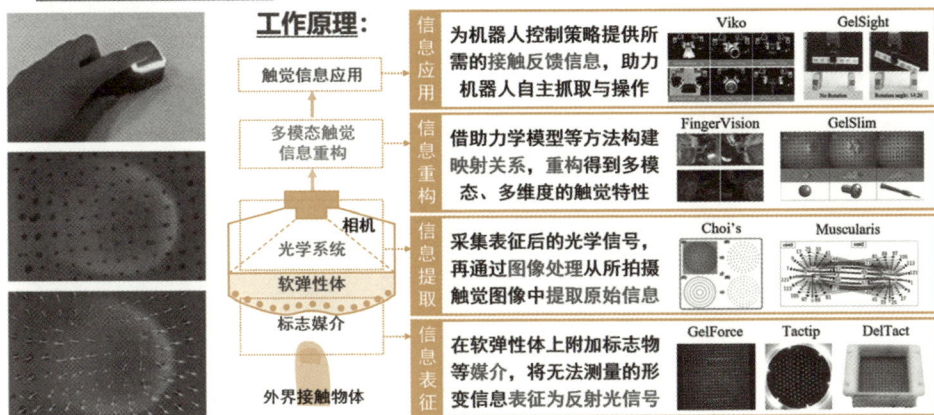

图 4-12　AI 赋能下的视-触觉融合技术方案

在构建该系统过程中，学生团队通过大量调研，还同时融合了新的思路，如：利用光学图像方法测量触觉信息，将视觉和触觉信息共同作为图像信息的载

体；采用卷积神经网络（CNN）作为主要技术，结合高速全局同步和融合式伺服策略。

基于上述的定位、调研，学生团队进行了技术方案的可行性分析：

（1）选择基于光学图像的触觉传感元件，使视觉和触觉反馈信息能够作为CNN 网络的原始数据输入。

（2）信息融合的优势在于，即使最先进的视觉算法在没有先验信息的情况下也难以识别被遮挡物体的本征属性（如几何形状、纹理材质、软硬程度），但通过提供接触反馈，可以显著减少伺服控制的积分行程和轨迹误差。

通过这些技术的发展和应用，学生团队期待在未来实现一个"人机"共融的智能时代，其中，机器人能够以更加自然和高效的方式与人类互动和协作：

（1）通用感知：整合所有类型的传感器数据，实现多源融合和多传感器融合；

（2）交互 & 决策：将反馈信息传递给通用交互和决策模型，实现从执行层到战略层再到决策 + 规划层的流程，以及从数据 + 学习层到战略层的反馈；

（3）控制方式：通过通用控制模型，将常规的机器人行为泛化为机器人的"技能"，实现自适应和自学习的操作能力。

第 5 章　设计模块

5.1　人工智能时代的设计思维（Design Thinking in the Age of Artificial Intelligence）

课程名称：人工智能时代的设计思维

Course：Design Thinking in the Age of Artificial Intelligence

课程学分：3

Credits: 3

教学团队：由 3 名教师组成，分别来自清华美术学院及清华 iCenter，并根据教学需求邀请产业专家参与教学（图 5-1）。

Teaching team: The team is composed of 3 professors from Tsinghua University, specifically from the Academy of Arts & Design, and Tsinghua iCenter. Industry experts are also invited to participate in teaching based on course requirements.

教学团队构成
Composition of the Teaching Team

清华美术学院
教师1名

清华iCenter
教师2名

产业专家

图 5-1　教学团队构成

5.1.1 课程信息（Course Information）

1. 课程简介（Course Description）

本课程围绕国家发展战略和清华大学"三位一体"的教育理念，旨在人工智能时代背景下培养新一代创新型人才，是一门如何运用设计思维与方法，以及价值理念和体系的通识类课程。

（1）在价值观塑造方面：引导学生热爱国家、珍视目前取得的伟大成就，在为国家建设而努力学习的大背景下认识到设计思维与创新创业有机联系的意义和价值，树立正确的价值观。

（2）在能力培养方面：引导学生系统梳理人类生产文明的基本历程，从生产方式和新质生产力的角度分析人工智能时代下设计创新与当代先进科技之间的有机联系，将社会的整体生产文明与人们的生活品质相联结，解析设计创新的价值逻辑和深刻的人文立场。教师可以将艺术与科学的融合作为教学内容的主线，培养学生在人工智能时代下创新创业的设计思维和特质能力。

（3）在知识传授和实践方法方面：首先，从人类生产文明的历史维度，系统梳理人类的生产方式与科技文明在各个时期发挥的重要作用。从历史的视角认识和理解人工智能可成为巨大生产力的意义；其次，联系当今社会的发展要求和文化新趋势，以人们的生活方式和对幸福安康生活的共同要求为原点，用设计思维的方法和理念考查和分析利用人工智能创新创业的时代价值和社会意义。本课程理论联系实际，并适时导入优秀企业的创新典例和世界优秀设计案例，在学习和工作方法以及社会实践路径上，系统呈现设计思维的价值和意义。

This course focuses on Tsinghua University's concept of educating people and establishes the way of thinking of design innovation in the era of artificial intelligence.

(1) In terms of the shaping of values: to construct the value system of this course with the national strategy and humanistic spirit in the era of artificial intelligence. Guide students to establish correct values and sense of mission in the era of artificial intelligence.

(2) In terms of the cultivating of skills: systematically sort out the process of human production civilization, and analyze the organic connection between design innovation and advanced science and technology from the perspective of production mode and new quality productivity. Connect the production civilization with the quality of life, analyze the value logic of design innovation and profound humanistic value.

(3) In terms of the imparting of knowledge and working methods: to recognize and understand the great value and productivity significance of the era of artificial in-

telligence from a holistic perspective; In connection with today's lifestyle and people's quality requirements for a happy and healthy life, we introduce excellent enterprises and typical design cases in a timely manner, and systematically analyze the principles and methods of design thinking in the working methods and social practice paths.

2. 课程定位（Course Positioning）

本课程以人工智能时代为背景，将设计创新与时代特质、国家战略、经济转型、企业创新，以及人类命运共同体等多维度思考汇聚成一个有机整体，形成新一代创新型人才综合能力培养的课程。本课程注重人工智能的技术特质和应用空间的介绍和梳理，以汇成条理清晰的科技创新知识体系；将设计以人为本的理念作为教学的原点，凝聚人文精神，为人类美好未来探索价值主张。

本课程为清华大学通识课，也是清华大学人工智能创新创业能力提升证书的核心课程。

3. 通识教育理念（General Education Philosophy）

本课程建立在成熟的"设计思维"课程基础上，与当今人工智能科技相结合，从新质生产力和国家发展战略等角度理解和认识创新创业的意义与价值，强调创新型人才应该具有融人文精神与科学精神于一体的能力，将"艺术与科学融合"的课程教学理念与国家发展和人类命运共同体，以及人工智能时代的新兴产业相融合。

（1）本课程通过系统梳理人类的生产文明和生产技术等历程，从社会的主要生产方式和新质生产力的角度，帮助学生理解和掌握设计的思维方式和创新思考路径，并帮助学生更好地理解人工智能时代背景下设计创新的价值与意义。

（2）本课程引导学生正确认识人工智能时代下设计思维的人文立场与先进科技之间建立联系的重要意义，将人类的科技文明、生产文明与人们的生活品质有机融合，从而形成创新创业的底层逻辑与跨文化认同的强大力量。

（3）本课程有效掌握了设计思维的基本内涵与时代特质，旨在为中国新时代的人才培养探索优质通识课程。

在内容选择上，本课程通过思维导向、案例分析和产业调研等多种手段，激发学生的学习热情。课程内容紧扣人工智能前沿动态，涵盖深度学习、语言处理和计算机软件等多个核心领域，基于人工智能的基本概念、原理和应用特质，系统阐述了人工智能与创新思维之间的有机联系。基于以人为本的设计理念，深入讨论了 AI 的社会伦理，以及创新本质等对人类文明的意义与价值，将教育的重心落到培养学生对未来社会价值的思考和价值判断上。

在课程组织上，本课程遵循深入浅出、循序渐进的教学原则，在确保学生能够逐步掌握相关知识的同时，通过展望未来，激发学生的事业心和使命感，为培养人工智能领域的创新型人才奠定坚实基础。

4. 课程基本信息（Course Arrangements）

课程名称 Course Name	人工智能时代的设计思维 Design Thinking in the Age of Artificial Intelligence			
学分学时	学分	3	总学时	78
预期学习成效	（1）以人工智能时代为背景，将设计创新与时代特质、国家战略、经济转型、企业创新，以及人类命运共同体等多维度思考汇聚成一个有机整体，以培养新一代创新型人才。 （2）通过系统梳理人类生产文明的基本历程，引导学生从生产方式和新质生产力的角度理解和掌握设计的思维方式和创新路径。 （3）引导学生正确认识人工智能时代下的设计创新与先进科技之间的有机联系。 （4）让学生掌握设计思维的基本内涵与时代特质。			
课程分类	本科			
课程类型	全校性选修课			
课程特色	文化素质课，通识选修课			
课程类别	跨学科交叉前沿类			
授课语种	中文			
考核方式	考试□　考查☑			
教材及参考书	（1）哈索·普拉特纳.斯坦福设计思维课1：认识设计思维.北京：中国工信出版集团，2019. （2）哈索·普拉特纳.斯坦福设计思维课2：用游戏激活和培训创新者.北京：中国工信出版集团，2019. （3）哈索·普拉特纳.斯坦福设计思维课3：方法与实践.北京：中国工信出版集团，2019. （4）哈索·普拉特纳.斯坦福设计思维课4：如何协作.北京：中国工信出版集团，2019. （5）哈索·普拉特纳.斯坦福设计思维课5：场景与应用产品创新.北京：中国工信出版集团，2019. （6）阿尔温·托夫勒.第三次浪潮.北京：生活·读书·新知三联书店，1984. （7）约瑟夫·派恩.体验经济.北京：机械工业出版社，2002. （8）乔纳森·M,伍德姆.20世纪的设计.上海：上海人民出版社，2012. （9）唐春丽.设计造型基础训练.北京：高等教育出版社，2020. （10）约翰内斯·伊顿.伊顿经典基础设计教程.北京：科学技术出版社，2021. （11）哈德森.产品的诞生.北京：中国青年出版社，2023.			
先修要求	无			

课程名称 Course Name	人工智能时代的设计思维 Design Thinking in the Age of Artificial Intelligence			
学分学时	学分	3	总学时	78
适用院系及专业	全校各专业			
成绩评定标准	（1）考勤 10 分 （2）平时课程小组讨论和成果 20 分 （3）最终个人分析报告和成果 70 分			

5.1.2 教学设计（Teaching Design）

1. 教学目标（Teaching Objectives）

（1）注重人工智能的技术特质和应用空间的介绍和梳理，以汇成条理清晰的科技创新知识体系。以人工智能时代为背景，将设计创新与时代特质、国家战略、经济转型、企业创新，以及人类命运共同体等多维度思考汇聚成一个有机整体，形成新一代创新型人才的综合能力。

（2）将设计以人为本的理念作为思考原点，凝聚人文精神与设计创新之间的整体联系，为人类美好未来奋勇探索而彰显价值主张。通过系统梳理人类生产文明的基本历程，从生产方式和新质生产力的角度理解和掌握设计的思维方式和创新路径。

（3）基于人工智能时代的国家战略、人类命运共同体理念建构本课程的价值体系，积极引导学生树立为国家建设而努力学习的价值观和使命感。正确认识人工智能时代下的设计创新与先进科技之间的有机联系。善于将生产文明与生活品质结成一个整体进行思考，为未来社会的创新和价值内容形成开创能力。

（4）系统认识设计思维的时代意义和价值主张，掌握设计思维的基本内涵与时代特质。

2. 教学大纲（Syllabus）

第几讲 Lecture Number	主要内容 Main Content	课时 Class Hour 教学 / 实践 / 课外 Teaching / Practice / Extracurricular
1	设计的基本概念 　　设计的原点是以人为本，这里的"人"不仅指代个体，而是从人类整体的角度去进行思考。人的需求决定设计存	4 / 0 / 8

第几讲 Lecture Number	主要内容 Main Content	课时 Class Hour 教学 / 实践 / 课外 Teaching / Practice / Extracurricular
1	在的形式，帮助人类更好地生存是设计的底层逻辑。 本讲的内容从设计活动发生、人类繁衍痕迹、生存逻辑、文明历史、生产效率、生活品质、生命价值等角度出发展开。 　　1.1　关于生存 　　1.2　关于生产 　　1.3　关于生活 　　1.4　关于生命 　　1.5　人文关怀与精神品质 Basic Concepts of Design 　　The origin of design is human-centeredness, where "human" does not only refer to individuals, but also to think from the perspective of human beings as a whole. The needs of human beings determine the form of existence of design. Human beings strive to survive, and it is the underlying logic of design to help human beings to survive better. This chapter is developed from the perspectives of the occurrence of design activities, traces of human reproduction, logic of survival, history of civilization, production efficiency, quality of life, and value of life. 　　1.1　About Survival 　　1.2　About Production 　　1.3　About life 　　1.4　About Life 　　1.5　Humanistic concern and spiritual quality	4 / 0 / 8
2	工业设计的序幕 　　从设计向工业设计进行梯度思维延展，从历史背景层面切入对工业设计进行解读。纵观过去、现在和未来，以生活和生产为参照，关注工业设计在各国工业发展历程中，对国家产业、经济、人文、技术发展的赋能情况。 　　2.1　英国的工艺美术运动 　　2.2　法国和西班牙的新艺术运动 　　2.3　德国的德意志联盟 Prologue of Industrial Design 　　Extend the gradient thinking from design to industrial design, cut into the interpretation of industrial design from the level of historical background, look at the past, present and future, unfold the life and production as a reference, focus on the industrial design in the history of industrial development of various countries in the country's industrial, economic, humanistic and technological development of the empowerment of the situation.	4 / 0 / 8

第几讲 Lecture Number	主要内容 Main Content	课时 Class Hour 教学 / 实践 / 课外 Teaching / Practice / Extracurricular
2	2.1　The Arts and Crafts Movement in the United Kingdom 2.2　The Art Nouveau movement in France and Spain 2.3　The German Confederation in Germany	4 / 0 / 8
3	设计思维 　　从产品设计的角度解读设计思维，作为设计的基础，可以辅助设计者有效建立对设计的初步认知，进而理解设计思维的目的、作用、研究内容和方法。同时，明确设计思维的体系，从微观、中观和宏观角度解读设计思维的价值。 　　3.1　设计思维的基石 　　　　3.1.1　思考—思维—思想 　　　　3.1.2　观察—体察—洞察 　　　　3.1.3　设计思维的本质：生活与生产 　　3.2　设计思维的体系 　　　　3.2.1　企业层面 　　　　3.2.2　地域产业集群层面 　　　　3.2.3　国家层面 　　3.3　设计思维的标准 　　　　3.3.1　设计的定量研究 　　　　3.3.2　设计的定性研究 Design Thinking 　　Interpretation of design thinking from the perspective of product design, as the foundation of design, can assist designers to effectively establish the establishment of the initial cognition of design, and then understand the purpose, role, research content and methods of design thinking. At the same time, the system of design thinking is clarified, and the value of design thinking is interpreted from micro, meso and macro. 　　3.1　Cornerstone of Design Thinking 　　　　3.1.1　Thinking-Thinking-Thinking 　　　　3.1.2　Observe-Empathize-Insight 　　　　3.1.3　The Nature of Design Thinking: Life and Production 　　3.2　Design Thinking System 　　　　3.2.1　Corporate Level 　　　　3.2.2　Regional Industry Cluster Level 　　　　3.2.3　National Level 　　3.3　Criteria for Design Thinking 　　　　3.3.1　Quantitative Research on Design 　　　　3.3.2　Qualitative Research on Design	4 / 0 / 8

第几讲 Lecture Number	主要内容 Main Content	课时 Class Hour 教学 / 实践 / 课外 Teaching / Practice / Extracurricular
4	人工智能时代的生活方式新势能 　　经济发展模式的转化、人们生活价值取向的变迁和工业化生产方式的结构优化与转型，形成了触发设计创新的内驱力。设计创新的核心是围绕实际产品设计来分析生活方式的变化，进而研究催生设计产生的社会意识形态与价值观念。具体方法是观察与掌握人们生活方式中出现的新变化和新趋势。然而，单纯观察只是设计创新的开始，应沉浸在生活之中，将对用户的体察转化为设计机遇与需求，形成驱动设计创新的持续性源动力。 　　4.1　观察和参与生活活动 　　4.2　识别设计的目标群体 　　4.3　对目标群体细化层次 　　4.4　认清群体的需求与期待 　　4.5　区分同情心与同理心 　　4.6　个体与社会的心智影响 　　4.7　心智模型映射生活趋势 　　4.8　场景还原投射行为习性 New Potential of Lifestyle in the Age of Artificial Intelligence 　　The transformation of the economic development model, the change of people's life value orientation and the structural optimization and transformation of the industrialized production mode form the internal driving force that triggers design innovation. The core of understanding design innovation is to analyze lifestyle changes around actual product design, and then study the social ideology and values that give rise to design. The specific method is to observe and grasp the new changes and trends in people's lifestyles. However, mere observation is only the beginning of design innovation; immersing oneself in life and transforming the user's perception into design opportunities and demands constitute the continuous source power that drives design innovation. 　　4.1　Observe and participate in life activities 　　4.2　Identify the target group of design 　　4.3　Hierarchy of target groups 　　4.4　Recognize the needs and expectations of the group 　　4.5　Distinguish between compassion and empathy 　　4.6　Individual and Social Influences on Mindfulness 　　4.7　Mapping Life Trends in Mental Models 　　4.8　Scenario Reduction Projecting Behavioral Habits	4 / 0 / 8

第几讲 Lecture Number	主要内容 Main Content	课时 Class Hour 教学 / 实践 / 课外 Teaching / Practice / Extracurricular
5	生产平台的赋能 设计创新需要将创新的价值置于真实的生活场景或生产模式中并加以评判，而不能为了创新而创新。产品设计的创新之道是在把握和认识其获得创新成果后，需要形成一种能够有机协同其结构内容的适应性机制。 5.1　企业 SWOT 趋势分析 5.2　企业 VRIO 竞争力评估 5.3　企业创新价值评估曲线 5.4　企业商业画布策划 5.5　人工智能时代的企业服务蓝图规划 Empowerment of Production Platforms Talking about design innovation needs to place the value of innovation in real life scenarios or production modes to be judged, rather than innovation for the sake of creativity. The key to the innovative way of product design is to form an adaptive mechanism that can organically synergize its structural content in grasping and recognizing the innovative results behind its acquisition. 5.1　Enterprise SWOT trend analysis 5.2　Enterprise VRIO competitiveness assessment 5.3　Enterprise Innovation Value Assessment Curve 5.4　Enterprise Business Canvas Planning 5.5　Enterprise Service Blueprint Planning in the Age of Artificial Intelligence	4 / 0 / 8
6	人工智能时代的设计创新考察：以大信家居为例 通过企业实地考察了解产品的生产原理、加工工艺、量产标准、技术标准以及智能化、信息化生产的新契机。认清未来中国设计产业的战略目标，将中国人文精神与智慧在中国设计方案中加以呈现。 6.1　企业家谈设计思维与企业战略 6.2　色彩中体现出的中国设计精神 6.3　生活品质与未来中国的设计思维 6.4　寻找设计的初心与生命的哲学含义 6.5　人工智能时代的企业发展机制和设计战略的四个维度 Design Innovation Study in the Age of Artificial Intelligence: Taking Daxin Home as an Example Understand the production principle, processing technology, mass production standard, technical standard and the new	4 / 5 / 8

第几讲 Lecture Number	主要内容 Main Content	课时 Class Hour 教学 / 实践 / 课外 Teaching / Practice / Extracurricular
6	opportunity of intelligentized and informationized production through the field trip of the enterprise. Understand the strategic goals of China's design and industry in the future, and present China's humanistic spirit and wisdom in China's design programs. 　6.1　Entrepreneurs talk about design thinking and corporate strategy 　6.2　The spirit of Chinese design reflected in colors 　6.3　Quality of Life and Future Chinese Design Thinking 　6.4　Finding the Beginning of Design and the Philosophical Meaning of Life 　6.5　Four Dimensions of Enterprise Development Mechanism and Design Strategy in the Age of Artificial Intelligence	4 / 5 / 8
7	人工智能时代的设计交流与交融 　　挖掘交叉学科之间的优势，根据设计要求和目标有针对性地将其配合，在发现、分析、判断、解决问题的过程中培养设计思维能力，运用设计原理、材料、构造、工艺、视觉元素进行造型设计，加强从思维到实践的训练，最终实现综合设计能力的提升。 　7.1　人工智能时代的互助：交叉学科的优势互补 　7.2　人工智能时代的互动：跨学科的知识沟通 　7.3　人工智能时代的互合：多学科的思维汇合 Design Communication and Interaction in the Age of Artificial Intelligence 　　Tapping the advantages between cross disciplines, targeted according to the design requirements and goals, mutual cooperation, in the process of discovery, analysis, judgment, problem solving to cultivate design thinking ability, the use of design principles, materials, construction, technology, visual elements to achieve design modeling ability, from the thinking to the practice of training, and ultimately to achieve the comprehensive design capabilities of the ascension. 　7.1　Mutual assistance in the age of artificial intelligence: cross-disciplinary complementary advantages 　7.2　Interaction in the Age of Artificial Intelligence: Cross-disciplinary Knowledge Communication 　7.3　Multualization in the Age of Artificial Intelligence: Convergence of Multidisciplinary Thinking	4 / 5 / 8

第几讲 Lecture Number	主要内容 Main Content	课时 Class Hour 教学 / 实践 / 课外 Teaching / Practice / Extracurricular
8	人工智能时代的交叉学科人才培养与训练 　　设计的组织性体现在对参与设计的工作人员实施汇合，这种汇合不局限于物理层面的聚拢，更为关键的是在多学科和跨学科背景下形成人才的思维汇合。企业在设计实践中以设计为主线，鼓励销售人员、技术研发人员、生产制造人员与设计者进行动态互动。因此，设计促进了人与人、知识与知识的沟通与再造。 　　8.1　看：调研方法的融合 　　8.2　思：设计思路的融合 　　8.3　学：创新策略的融合 　　8.4　做：实践路径的融合 Interdisciplinary Talent Cultivation and Training in the Age of Artificial Intelligence 　　The organizational nature of design is reflected in the implementation of the convergence of staff involved in design, which is not limited to the physical level of convergence, but more critical is the formation of the convergence of talent thinking in the multidisciplinary and interdisciplinary context. In enterprise design practice, the design is the main line, pulling the sales staff, technology research and development personnel, production and manufacturing personnel and designers to carry out dynamic interaction. Therefore, design prompts the communication and re-engineering of people and knowledge. 　　8.1　Seeing: Integration of Research Methods 　　8.2　Thinking: Integration of design thinking 　　8.3　Learning: Integration of Innovation Strategies 　　8.4　Do: Integration of Practical Paths	4 / 5 / 8
9	人工智能时代的交叉学科设计课程 　　挖掘各学科的优势，有针对性地根据课程要求和目标将它们进行相互配合。在发现、分析、判断、解决问题过程中培养设计思维能力，运用设计原理、材料、构造、工艺、视觉元素进行设计。加强从思维到实践的训练，最终达到综合设计能力的升维。 　　9.1　架构与规划 　　9.2　机制与建构 　　9.3　纲要的推敲 　　9.4　实施的组织 　　9.5　价值的预测	4 / 5 / 8

第几讲 Lecture Number	主要内容 Main Content	课时 Class Hour 教学 / 实践 / 课外 Teaching / Practice / Extracurricular
9	Cross-disciplinary Design in the Age of Artificial Intelligence Tap the advantages between cross-disciplines, targeted according to the course requirements and objectives, cooperate with each other, cultivate design thinking ability in the process of discovery, analysis, judgment, problem solving, use design principles, materials, construction, technology, visual elements to achieve design modeling ability, from thinking to practice training, and ultimately to achieve the upgrading of the comprehensive design ability. 9.1　Architecture and Planning 9.2　Mechanism and Construct 9.3　The Extrapolation of Outline 9.4　Organization of Implementation 9.5　Prediction of Value	4 / 5 / 8
10	人工智能时代的企业 PI 设计战略：以小熊电器为例 　　10.1　"小有成就" PI 设计模式：细化目标市场 　　10.2　"内外兼顾" PI 设计模式：打造自主品牌 　　10.3　"萌而不凡" PI 设计模式：深耕用户心智 Corporate PI Design Strategy in the Age of Artificial Intelligence: An Example of Xiaoxiong Appliance 　　10.1　The "small success" PI design model: refining the target market 　　10.2　"Both inside and outside" PI design mode: building independent brands 　　10.3　PI design model of "cute but extraordinary": plowing into users' minds	4 / 5 / 8
11	人工智能时代下设计如何赋能社会创新 　　面向未来的设计，人类智慧与人工智能将高度融合，进而使整个社会达到过去无法实现的卓越水平，未来、艺术、科技、创新、战略融合一起的人才培养理念将给设计学科带来新的机遇。在学界、产业界、团队小组中，可跨学科、多层次地讨论和评估设计思维与产品原型创新的架构体系和研究方法，以形成交叉融合型的设计创新范式，为学术研讨与理论研究提供实践支撑。 　　11.1　设计蕴含人文价值 　　11.2　设计秉承科学精神 　　11.3　设计肩负社会伦理 　　11.4　设计触发文化势能 　　11.5　设计推进学术研究	4 / 5 / 8

第几讲 Lecture Number	主要内容 Main Content	课时 Class Hour 教学 / 实践 / 课外 Teaching / Practice / Extracurricular
11	How to empower social innovation through design in the era of artificial intelligence? In future-oriented design, human intelligence will be highly integrated with artificial intelligence, which will enable the whole social system to reach a level of excellence that could not be realized in the past, and the concept of talent cultivation that integrates the future, art, science and technology, innovation and strategy will bring new opportunities to the design discipline. From expert suggestions and team focus groups in academia and industry, we will discuss and evaluate the architecture system and research methodology of design thinking and product prototype innovation in an interdisciplinary and multi-level way to form a cross-fertilization type of design innovation paradigm, and to provide practical support for academic discussions and theoretical research. 　11.1　Design Embodies Humanistic Values 　11.2　Design upholds the spirit of science 　11.3　Design carries social ethics 　11.4　Design Triggers Cultural Potential 　11.5　Design Promotes Academic Research	4 / 5 / 8
12	元宇宙中的设计建构 　12.1　非物质设计中的产业价值 　12.2　信息设计中的人文关怀 　12.3　智能设计中的柔性思维 Design Constructs in the Metaverse 　12.1　Industrial Value in Intangible Design 　12.2　Humanistic Care in Information Design 　12.3　Flexible Thinking in Intelligent Design	4 / 0 / 8
合计 Total	教学课时：48　实践课时：30　课外课时：96 Teaching Hours: 48　Practice Hours: 30　Extracurricular Hours: 96	

3. 教学方法（Teaching Methods）

（1）本课程注重人工智能的技术特质和应用空间的系统介绍和梳理，形成条理清晰的科技创新新质平台和新质力量。利用清华大学相关学科和校友资源，汇集关于人工智能发展的基本理念和新颖应用成果，为学生系统展现人工智能的时代特征。

（2）将以人为本的设计理念作为课程的核心逻辑和思考原点，凝聚人文精神与设计创新整体目标的向度和主旨，明确学生的学习和成长是为了人类美好未来的建设，彰显中国发展的内在价值主张，将国家发展要求和清华大学育人原则相融合。

（3）把人工智能时代与国家发展战略、企业创新实体等相联系，通过教师的社会资源、清华校友资源和教学团队资源，逐步建立起服务本课程设计创造价值的教学体系，积极引导学生树立为国家建设而努力学习的使命感和事业心。

（4）系统认识设计思维的时代意义和价值主张，将人们的生活方式、使用方式和对幸福生活的共同向往作为考察社会的另一个思维路径，系统梳理和讲述人们发展生产、组织生产和生成社会文化的基本动因和内在动力，理解所有的发展都是人的发展，明确设计思维中最重要的是人文精神与人类文明的彰显，确立中国新一代事业开创者的价值取向和理想目标。

（5）本课程通过小班研讨、与企业设计中心专业人士的交流以及实验实践专题，深入探讨人工智能在城市交通、医疗和健康等典型领域的应用。课程将大数据和大模型的应用与设计思维的系统学习相结合，旨在将理论与实践相融合，为学生在人工智能时代的创新创业提供坚实的理论和方法论基础。

4. 学习评价（Learning Assessment）

本课程高度重视多维度的学习评价，采取主观评价与客观评价相结合的方式，强调"过程评价"，并在教学设计中高度重视给予学生具体且实时的反馈，具体方式如下所示。

方式一：建立针对学生学习情况的微信群。基于上课表现，任课老师采用一对一或一对多的方式及时了解和掌握学生的学习动态和问题情况。

方式二：通过雨课堂、随堂回答和现场提问，以互动方式促进学生的学习与思考，并了解学生的真实学习状况。

方式三：针对通识课讲座的内容，采用课后作业的方式考查学生学习情况。举办多次交流与汇报，以组内和组间打分的形式对学习成果作客观的整体评价，从而分析和评判学生掌握知识情况和问题所在。

方式四：针对学生的收获情况，要求每个学生提交个人学习报告。采用雨课堂签到和随机点名方式关注实时学习效果。

方式五：采用问卷形式，对每次讲座和参观内容进行摸底，了解学生的收获和意见。

方式六：给每位学生建立个人学习档案，详细记录并分析学生在课堂上的内容学习、作业完成及参与讨论的情况。重视教学过程中的师生互动，以确保能够根据学生的学习进展动态地调整备课内容，从而建立更有效的教学准备机制。

5. 教学特色（Teaching Characteristics）

突出"科学与艺术相结合的原型创新"小班实践，鼓励学生将人工智能技术与生活中的实际需求相结合，以培养复合型人才的综合探索能力。

（1）建立学习小组：课程学生以跨专业结合的方式，3 至 4 位学生为一组；在研讨中将分组探讨人工智能的热点问题，分享最新成果；通过小组学习和开放式调研来提升学生的组织能力。

（2）企业考察与讨论机制：在教学过程中开展分组分批次的智能工程体验和设计中心参观、企业走访，以及涉及大量的与人工智能相关联的创新企业考察，其中包括 AR、VR、智能机器人和大数据模型等具有国家级工业设计创新中心称号的一流企业，使学生对人工智能事业有深刻的认识和时代判断。以事业为导向的教学方法有助于学生全面思考投身社会的能力建设。

（3）开展案例教学：通过人工智能技术的典型应用案例，将人工智能领域前沿发展与社会创新的价值突破联系在一起；通过案例教学和课题训练，使学生能够直观认识人工智能技术在医疗、交通和教育等领域的实际应用意义；同时，通过增强与企业专家的交流与互动，从产业动态维度、社会发展维度和国家发展要求维度认识创新的意义和价值，为学生的职业规划奠定基础。

5.1.3 教学案例（Teaching Cases）

1. 项目名称：FOLLOW 智能移动空调概念设计

项目成员：

李文 ｜ 王思颖 ｜ 邓浩然 ｜ 刘奕江 ｜ 谢千慧 ｜ 王润琪 ｜ 张若谷

项目介绍：

项目产品将智能化品控与个性化需求相结合，以模块化概念结合帕尔贴效应为基础，应用半导体制冷技术，能保证空间内的每个人都处在舒适的温度中。通过半导体制冷技术可为用户带来极度清凉的空气，空调内风轮旋转送风的方式也确保了每个角度的风力都同样强劲。此外，区域内各空调模块可通过 App 控制，温度传感器可实时检测得到室内温度数据，以便及时调控设备（图 5-2 至图 5-5）。

图 5-2　智能移动空调的情景展示

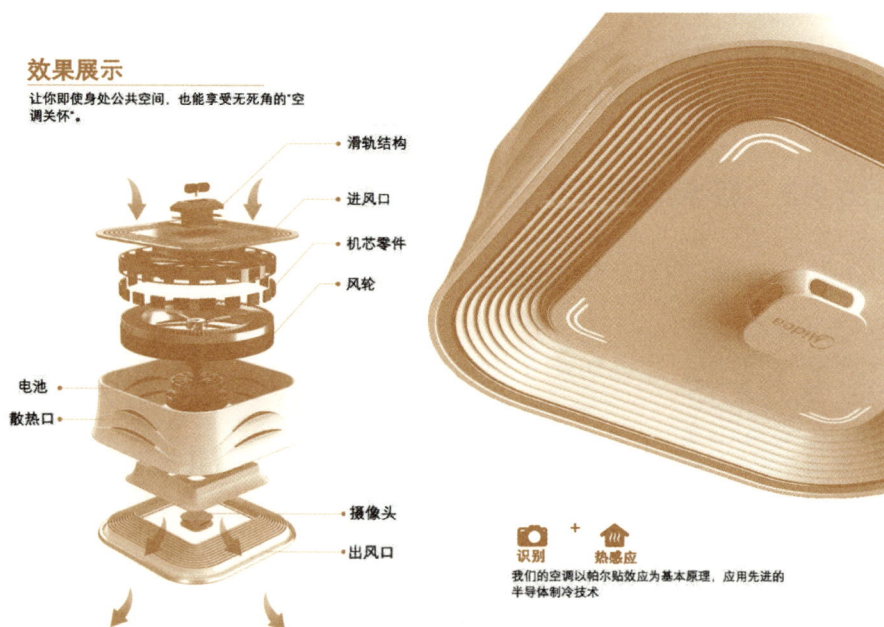

图 5-3　智能移动空调的效果展示

内部结构

让你即使身处公共空间，也能享受无死角的"空调关怀"。

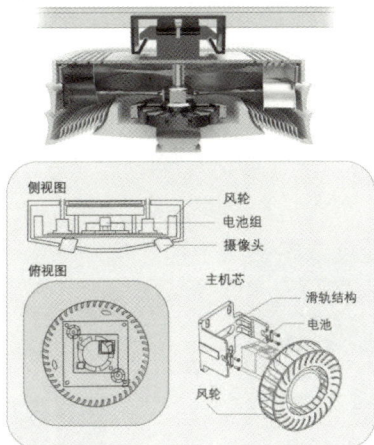

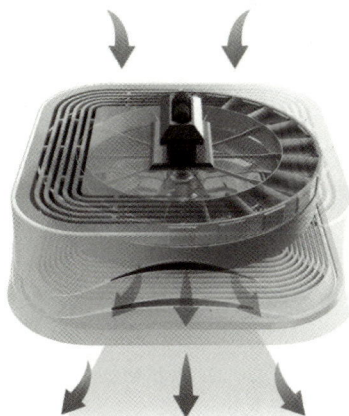

侧视图
- 风轮
- 电池组
- 摄像头

俯视图
主机芯
- 滑轨结构
- 电池

风轮

把一只P型半导体元件和一只N型半导体元件联结成热电偶，接上直流电源后，在接头处就会产生温差和热量转移。

图 5-4　智能移动空调的内部结构

应用程序页面

主要展示手机连接蓝牙的界面以及空调运行轨道。

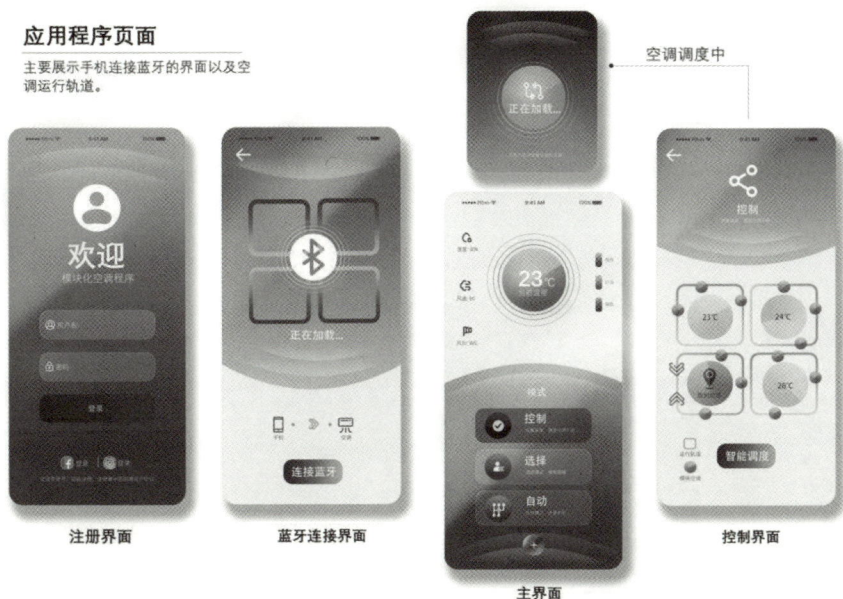

空调调度中

正在加载...

注册界面　　　蓝牙连接界面

主界面

控制界面

图 5-5　智能移动空调的应用程序界面

2. 项目名称: CHANGE 智能调控空调概念设计

项目成员:

刘小渔 ｜ 王希淳 ｜ 陈宏浚 ｜ 戴尧 ｜ 王美袭

项目介绍：

CHANGE 是一台基于创作情境下的智能家居环境创造空调。其功能包括：通过改变温度、湿度、风速、风向、香氛模块来模拟各种家庭氛围，如"雨后森林""高原书屋"等；用户能够随心所欲地调整空调的功能预设以满足自己的各种需求；通过品牌直播电商所搭建的创作模块交易平台，可交易自己的作品，将心仪的环境带到千家万户，模拟出极具特色的环境（图5-6至图5-11）。

图5-6 智能调控空调的市场调研

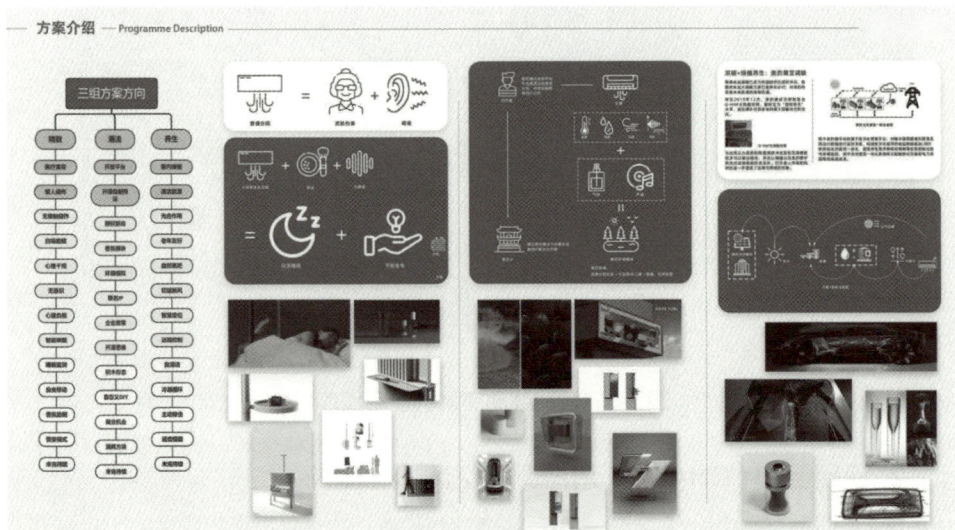

图5-7 智能调控空调的方案介绍

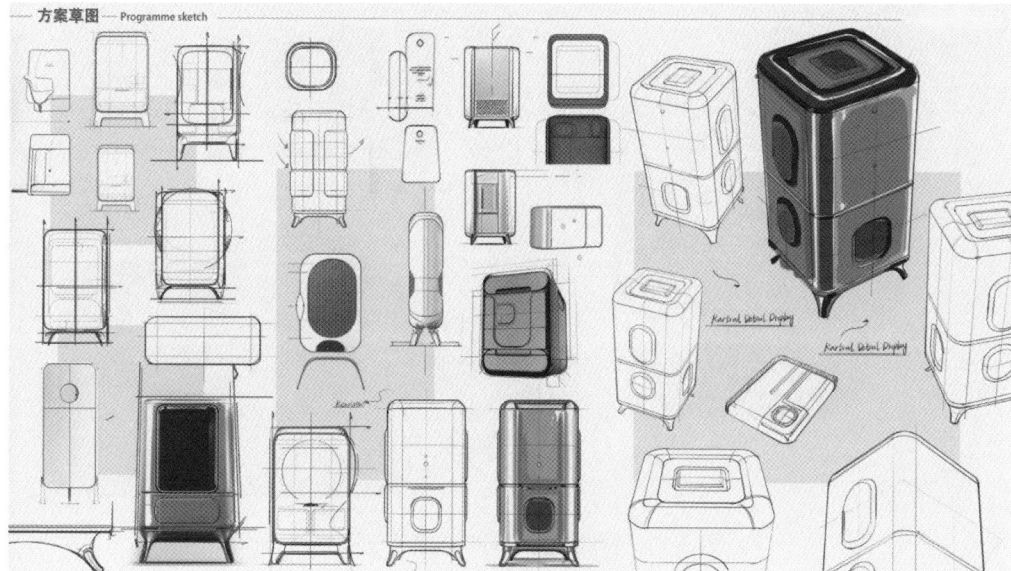

图 5-8 智能调控空调的方案草图（1）

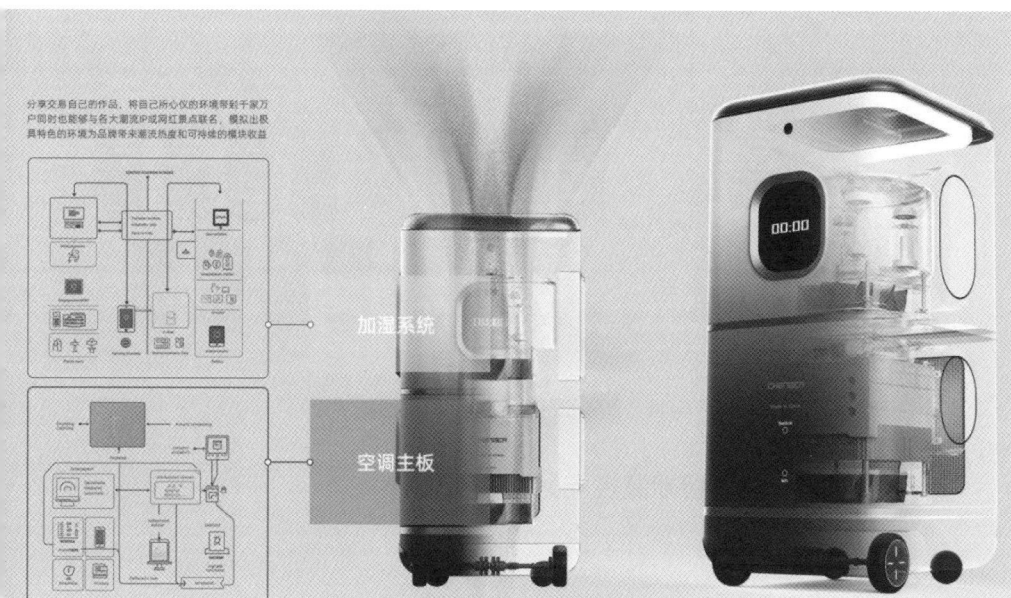

图 5-9 智能调控空调的方案草图（2）

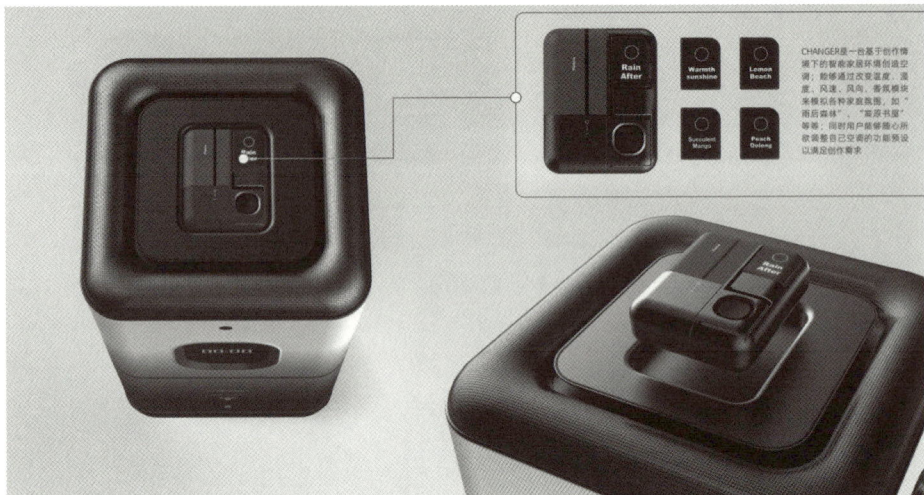

图 5-10　智能调控空调的方案草图（3）

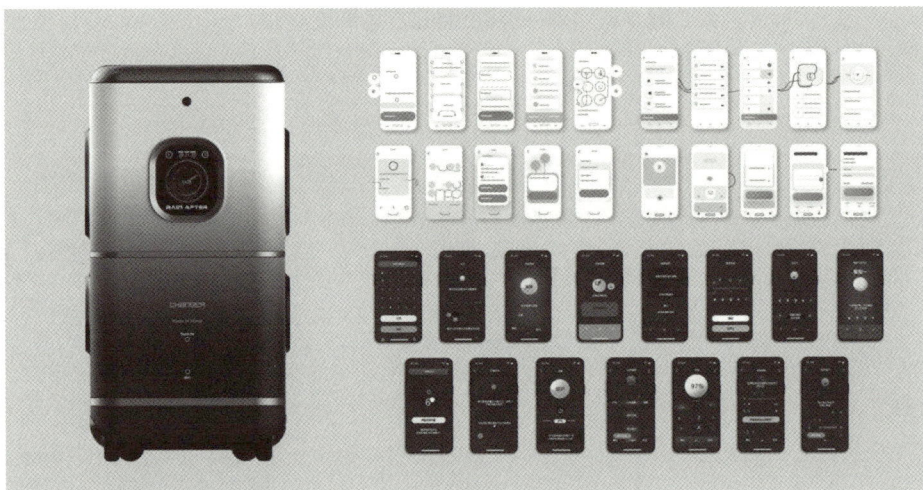

图 5-11　智能调控空调的方案草图（4）

3. 项目名称：空气智能监控与警报系统设计

项目成员：

陈建锐

项目介绍：

在冬季，农村住宅和老旧小区由于室内空间封闭，使用炭火或煤气取暖设备时，一氧化碳中毒事件频发。为了有效预防此类事件发生，项目团队开发了一个智能空间监控与预警系统。该系统的设计灵感来源于动物的气味感知机制，并将其应用于智能设备中，以实现对有害气体的快速感应。一旦检测到一氧化碳等有毒气体，系统将自动发出警报，并立即自动启动空气调节设备，以清除有害气体，从而最大限度地减少中毒风险，以保护居民的生命安全（图 5-12 至图 5-15）。

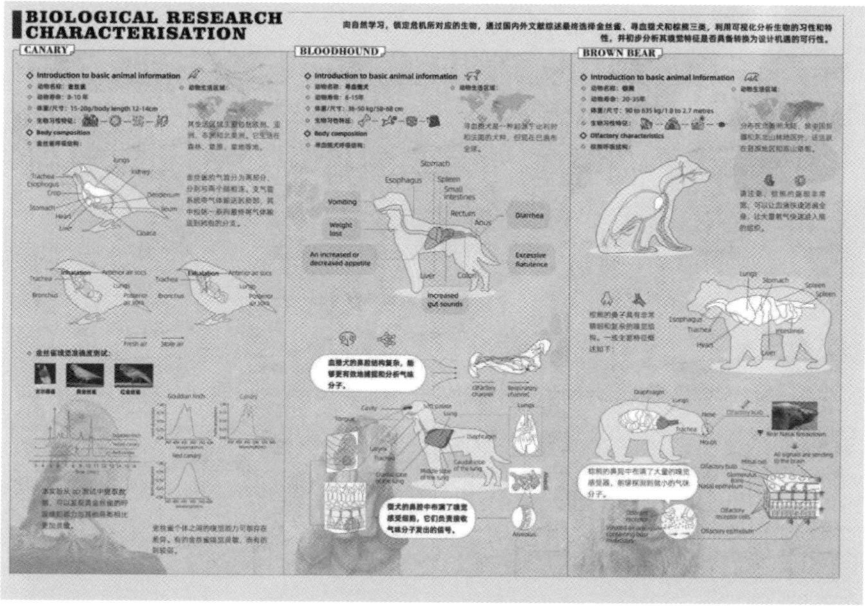

图 5-12　文献查询

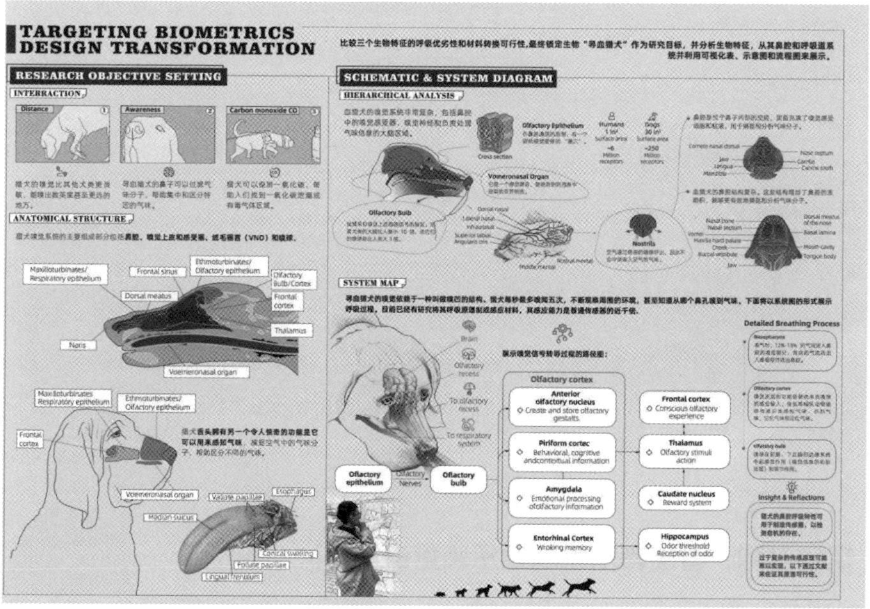

图 5-13　调研目标

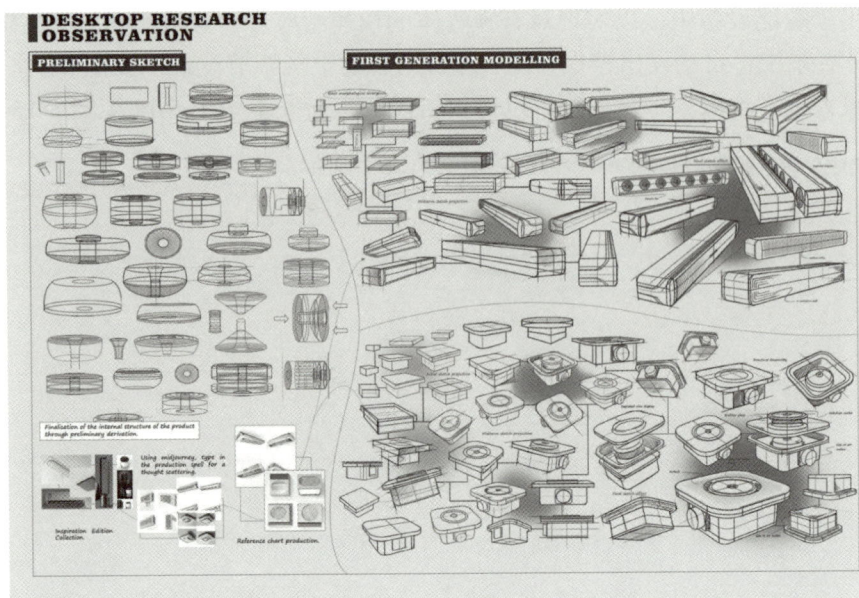

图 5-14　设计草图（1）

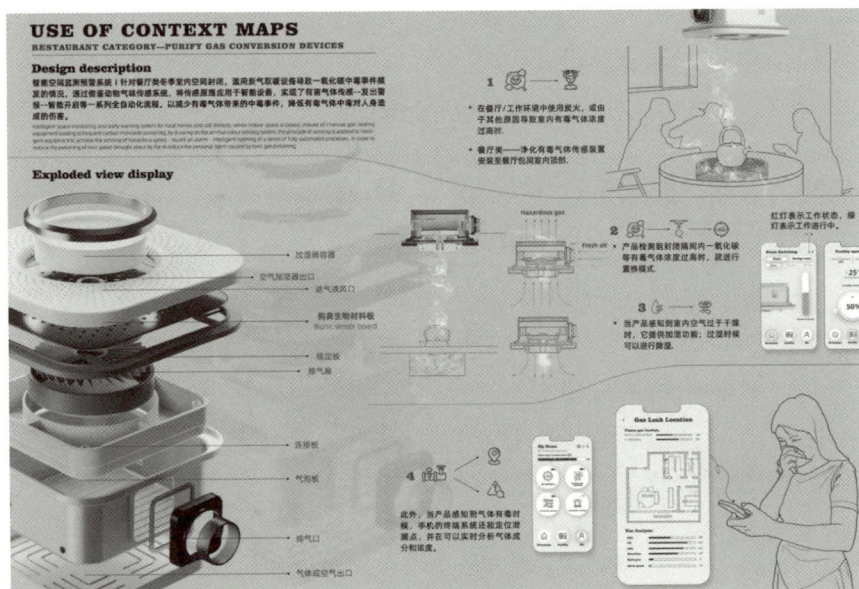

图 5-15　设计草图（2）

4. 项目名称：智能音乐互动娱乐装置设计

项目成员：

施雪滢

项目介绍：

本项目通过开源电子原型平台来实现智能音乐互动设施各个交互模块的功能，其设计关注智能装置对用户的心理影响。通过将识别后的用户姿态转译为不同的音阶和曲调，以音乐共创的方式吸引用户并为用户提供一个编辑原创乐曲的操作体验（图 5-16 至图 5-20）。

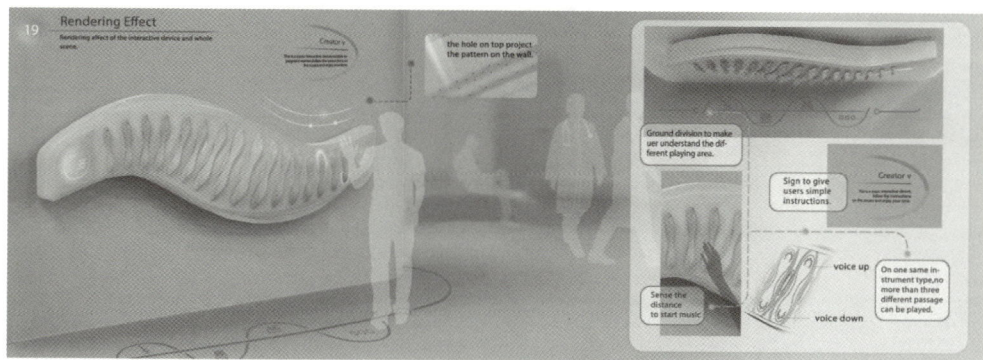

图 5-16　情景展示

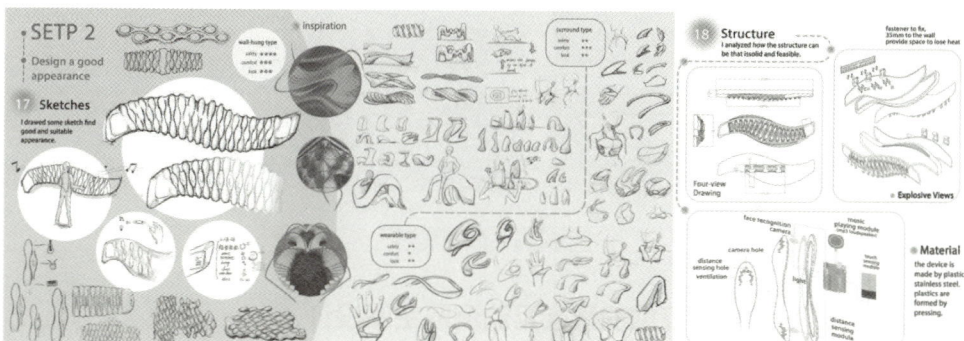

图 5-17　设计草图

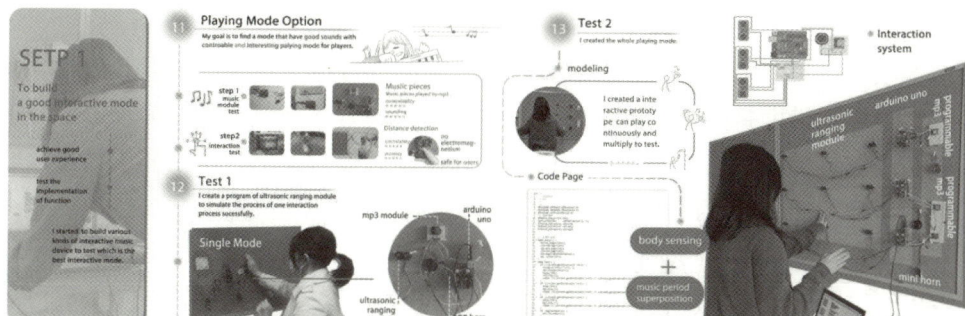

图 5-18　设计过程（1）

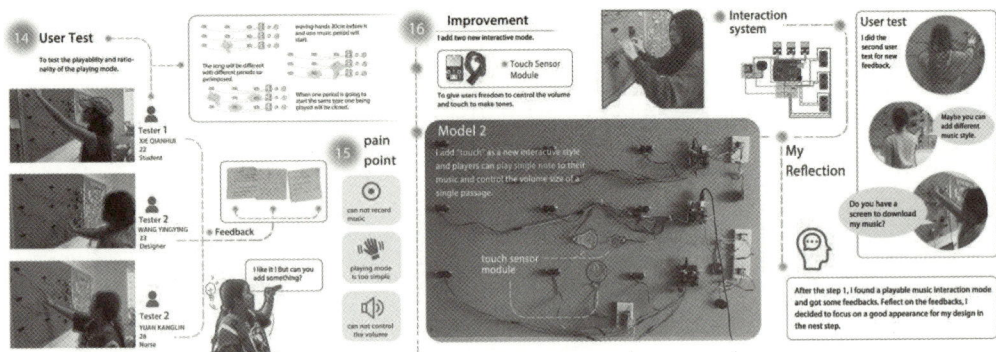

图 5-19　设计过程（2）

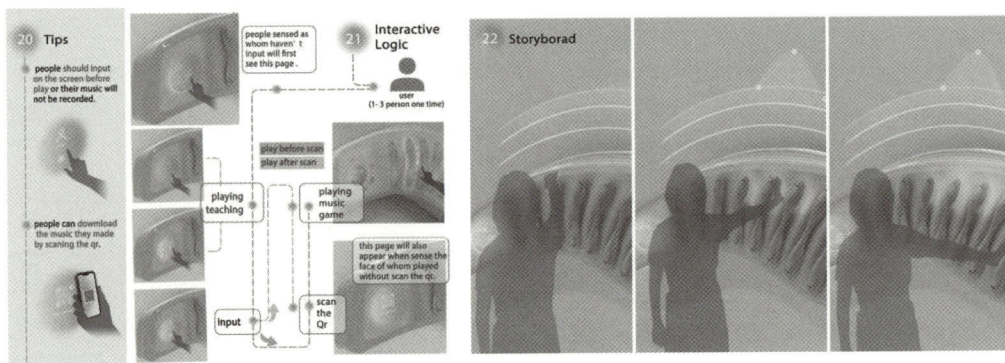

图 5-20　效果展示

5. 项目名称：心理疗愈的智能互动沉浸空间设计

项目成员：

程意然

项目介绍：

本项目通过 Arduino 开源电子原型平台来实现智能交互系统的设计效果。其心理疗愈空间借助智能化的互动影像，并根据使用者在空间内的行为投影出对应的心率波动影像，以打造空间的沉浸感，让使用者在封闭的自由空间中冥想、放松并获得心理疗愈与安抚（图 5-21 至图 5-23）。

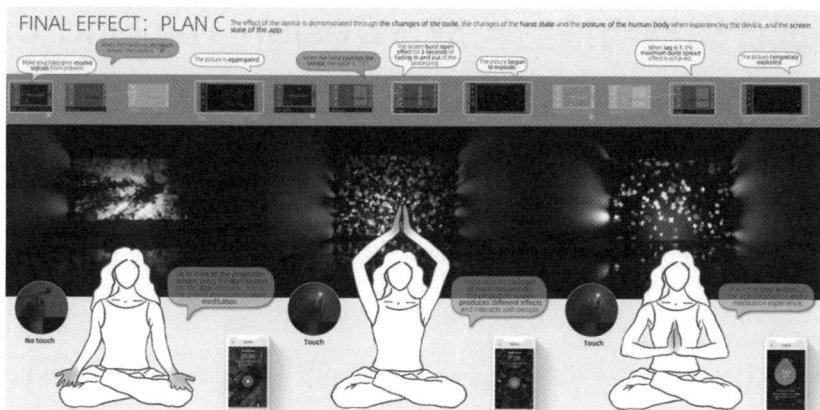

图 5-21　效果展示

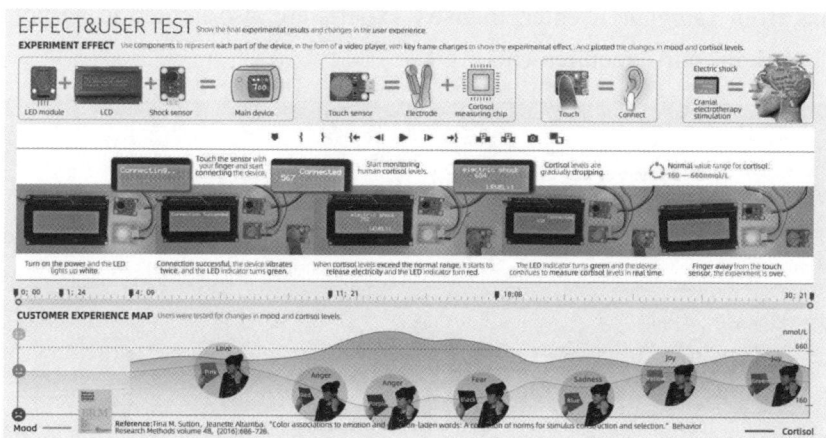

图 5-22　用户测试

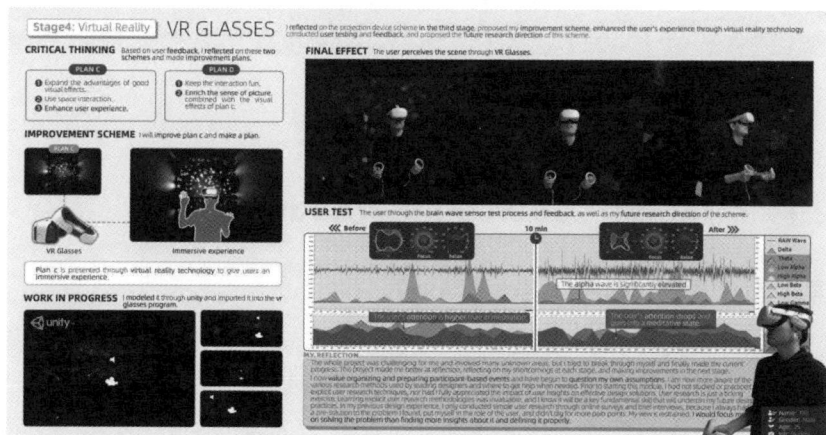

图 5-23　VR 演示

课程名称：设计思维与综合构成

Course：Design Thinking and Comprehensive Composition

课程学分：3

Credits：3

教学团队：团队由来自清华 iCenter 的 1 名教师、8 名工程师组成，并根据教学需求邀请产业专家参与教学（图 5-24）。

Teaching team: The team is composed of 1 faculty members, and 8 engineering lab technicians from Tsinghua iCenter. Industry experts are also invited to participate in teaching based on course requirements.

图 5-24　教学团队构成

5.2.1　课程信息（Course Information）

1. 课程简介（Course Description）

　　"设计思维与综合构成"是面向本科生并与多学科交叉的课程。根据设计学科的发展脉络、设计与当代社会密不可分的联系，以及设计与未来多个新兴技术与产业之间发展趋势的梳理，使学生对设计学科有大体的了解和体验。本课程包括设计的意涵、形式美法则与生活万物、设计中名词与动词的思考、设计思维等四大组成部分。其中，设计中名词与动词的思考部分是本课程的重中之重。同时，在设计的综合构成内容中综合了设计原理、技术、结构、材料等要素，使学生能够理解设计的完整性和系统性，并在具体项目和实践中体会设计的统筹力和协调力。

This course is a multidisciplinary course for undergraduate students. Based on the development of the design discipline, the inextricable link between design and contemporary society, and the trends between design and future emerging technologies and industries, students will have a general understanding and experience of the design discipline. This course includes four major components: the meaning of design, the laws of form and beauty, thinking about nouns and verbs in design, and design thinking. In particular, the understanding of nouns and verbs in design is of utmost importance. At the same time, in the comprehensive composition of design, we should combine design principles, technology, structure, materials and other elements to understand the integrity and systematicity of design, and experience the power of coordination and harmonization of design in specific projects and practices.

2. 课程定位（Course Positioning）

结合清华大学"三位一体"的教育理念，本课程以清华大学通识课程艺术课组教学目标为指导，通过对艺术形式的感知与探究，增强学生对美的理解与领悟，提升学生的审美品位与全面素养。

培养学生美的体验，开阔美的视野，增加美的兴趣，调动创造美的热情，在真正实践美、创造美的过程中强化美的心灵。教学中尽可能展示优秀经典的设计案例并进行深入分析，以打开学生审美的视野和思路，形成通识实践课程在教学模式、教学组织、教学资源建设等方面的可推广经验。

3. 通识教育理念（General Education Philosophy）

教学理念：

本课程以立德树人为根本，以社会主义核心价值观为引领，以提高学生审美、工程素养和人文素养为目标。基于以美育人、以美化人、以美培元的教学理念，培养学生的审美观和审美能力。通过学科交叉，在美育知识技能提升的基础上增强学生审美体验与兴趣，进而完成体验美、欣赏美、创造美的培养过程。①思想观念：提升高度与格局，崇德向善，升华境界，在美育课程中启发智慧；②核心素质：培养具有清华特色的跨学科创新人才，提升发现美、创造美的能力，在国际视野和跨学科背景下交流、竞争、合作、创造时代新物种；③知识运用：结合学生知识背景，用设计架连艺术、人文、工程等学科知识，通过对设计与其他各学科链接的可能性的探索，多维度学习设计思维并将其有效运用到具体项目中。

内容选择：

本课程主要包括设计的意涵、设计思维、设计与制造工艺等理论内容，着重强调设计思维对于产业与创新的重要性。在综合构成实践部分，结合原理、技术、加工工艺、材料等要素以帮助学生理解设计的完整性和系统性，并通过具体项目和实践体会设计以提高学生的统筹力和协调力。通过不同领域资深专家的随堂讲座交流，并结合企业实地参观考察，让学生切实认知设计思维如何具体结合产业并实现产品全流程生命周期的循环。课程要求学生完成完整的作品原型设计，这也许是大多数学生的人生第一件设计作品。

教学环节：

本课程采用理论授课与项目制实践教学相互辅助、共同推进的方式进行。根据学生的认知规律合理安排理论授课和实践教学环节，以培养学生的设计思维、创新思维，在美育中综合提升创新、创造的能力。同时，本课程采取赛课结合模式，积极将学生的优秀作品推向"中美创客大赛""清华工匠大赛"等多个平台，并获得多个市级和校级奖项。课程成果产出相关专利和国家级、省级大创项目也是本课程学研结合的显著特色。

4. 课程基本信息（Course Arrangements）

课程名称 Course Name	设计思维与综合构成 Design Thinking and Comprehensive Composition			
学分学时	学分	3	总学时	80
预期学习成效	（1）知识与技能：学习设计的语境与意涵，通过对设计与其他各学科链接可能性的探索，将设计的专业本领应用于专业实践、社会实践。 （2）方法：将理论引导、案例点评、个人学习和小组学习相结合，在讨论、点评及不断迭代中促进设计与其他学科的交叉融合。 （3）价值观的树立：树立设计的正确价值观，建立健康的、有效的、可持续的设计价值理念，为建立良好的创新意识和创新形态打下坚实的设计基础。 （4）劳动技能与美育：鼓励和帮助学生身体力行地进行实践，将理论知识与实践融为一体；形成设计的初步判断能力，同时逐步提高学生对于设计专业的理解、融会贯通直至建立创造、创新的能力；只有通过真正动手才能提高思考的深度与维度。			
课程分类	本科			
课程类型	全校性选修课			
课程特色	文化素质课，通识选修课			

课程名称 Course Name	设计思维与综合构成 Design Thinking and Comprehensive Composition			
学分学时	学分	3	总学时	80
授课语种	中文			
考核方式	考试□ 考查☑			
教材及参考书	（1）[英] 彭尼·斯帕克. 设计与文化导论. 钱凤根，于晓红，译. 南京：译林出版社，2012. （2）柳冠中. 事理学方法论. 上海：上海人民美术出版社，2020. （3）刘易斯·芒福德. 机器神话（上下卷）. 宋俊岭，译. 上海：上海三联书店，2017.			
先修要求	无			
适用院系及专业	全校各专业			
成绩评定标准	①平时成绩 40 分 ②产品或项目完成度 40 分 ③课程报告 20 分			

5.2.2 教学设计（Teaching Design）

1. 教学目标（Teaching Objectives）

（1）通过设计基础知识的讲解与训练，培养学生用设计的思维方法发现、分析、解决问题的能力。

（2）在实践过程中，让学生理解设计不仅仅是在外观和造型上要漂亮，更重要的是它是一种系统的行为指导，能够协调和优化各因素之间的关系。

（3）系统地阐述和分析与设计相关的各综合要素，培养学生设计思维的同时，鼓励学生进一步运用设计思维去解决各领域存在的问题。

2. 教学大纲（Syllabus）

第几讲 Lecture Number	主要内容 Main Content	课时 Class Hour 教学 / 实践 / 课外 Teaching / Practice / Extracurricular
1	设计的意涵 1 1.概述设计专业的广义与狭义界定。 2.树立正确的设计价值观。	4 / 0 / 6

第几讲 Lecture Number	主要内容 Main Content	课时 Class Hour 教学 / 实践 / 课外 Teaching / Practice / Extracurricular
1	Meaning of Design I 1. Outline the broad and narrow definitions of the design profession. 2. Establish clear design values and judgment.	4 / 0 / 6
2	设计的意涵 2 　　梳理设计的发展脉络及未来趋势，以具体案例讲解的形式深入分析设计与生产、制造、技术、商业、社会乃至人类文明进步之间的必要联系。 Meaning of Design II 　　To sort out the development of design and future trends, and to analyze in depth the necessary connection between design and production, manufacturing, technology, business, society and even the progress of human civilization in the form of specific case lectures.	4 / 4 / 6
3	项目实践 1 　　课堂讨论与展示：以小组和个人为单位，分别阐述对于设计的理解和社会（生产企业制造端）调研，提高设计对于工业化生产、工业化社会、数字化（信息互联）社会能产生重要作用的认识。 Project Practice I 　　Classroom Discussion and Presentation:Students will work in groups and individually to elaborate on their understanding of design and social (manufacturing end of production companies) research to complete their understanding of the important role of design for industrialized production, industrialized society, and digital (information interconnected) society.	4 / 4 / 6
4	形式美法则与工业的关联 1 　　在了解设计的形式美法则和设计专业相关的综合构成要素的基础上，带着问题（项目）调研制造端、生产端，以系统化认知设计和制造加工之间相互制约的因素。 Relevance of the Laws of Formal Beauty to Industry I 　　Based on an understanding of the formal aesthetic laws of design and the comprehensive components related to the design profession, we will systematize our understanding of the constraints between design and manufacturing by connecting the manufacturing side and the production side with a problem (project).	4 / 0 / 6

第几讲 Lecture Number	主要内容 Main Content	课时 Class Hour 教学 / 实践 / 课外 Teaching / Practice / Extracurricular
5	形式美法则与工业的关联 2 　　充分理解在生产初期设计对于制造业前端的引领和系统化协调的作用，学会打通设计与制造之间的壁垒。 Connection between the laws of formal beauty and industry II 　　Fully understand the role of design in leading and systematizing the coordination of the front end of manufacturing at the early stage of production, and strive to break down the previous barriers between design and manufacturing.	4 / 4 / 6
6	项目实践 2 　　以清华 iCenter 各实验室和技术为平台，以具体设计项目（如"行为的语义、动作的引导"等）为切入点，采取小组合作的方式，完成设计过程中如产品原型的开发、技术材料的综合选定、造型工艺标准的制定等系列问题的认识和学习，以及综合造型形态构成训练（形态的过渡）。 Project Practice II 　　Taking the laboratories and technologies of the training center as a platform, comprehensively utilizing relevant materials and processes, and taking specific design projects (such as "semantics of behavior, guidance of movement", etc.) as an entry point, the group will work together to complete the design process, such as the development of product prototypes, the selection of a comprehensive range of technological materials, and the formulation of styling process standards and other series of issues. Understanding and learning. Comprehensive modeling morphological composition training (transition of forms).	4 / 4 / 5
7	设计中名词与动词的思考 1 1. 本章节为"设计思维与综合构成"课程的重要组成部分。 2. 设计一词词性的转化所产生的不同语境和语义的变化是本课程的重点。 Reflections on nouns and verbs in design I 1. This week's lesson is an important part of the "Design Thinking and Integrated Composition" program. 2. The different contexts and semantic changes that result from the lexical transformations of the word design are the focus of this course.	4 / 0 / 5

第几讲 Lecture Number	主要内容 Main Content	课时 Class Hour 教学 / 实践 / 课外 Teaching / Practice / Extracurricular
8	设计中名词与动词的思考 2 　　要让学生深刻理解和认识设计的内外因、设计的环境、设计的目标群体，以及如何区分正确的设计方法、产生准确的设计思路等方面的问题，并提出解决方案。 Thinking about nouns and verbs in design II 　　Students should understand and realize how to solve the problems in the design process regarding the internal and external causes of design, the environment of design, the target group of design, and how to distinguish the correct design method and generate accurate design ideas.	4 / 4 / 5
9	项目实践 3 　　以"事"与"物"为题目完成实践项目，引导学生从动词思考的行为中找到事物名词的本质，从而以不同形态、工艺、技术等来综合解决"问题"。同时，以小组或个人形式完成具体实践项目。 Project Practice III 　　To complete the practical project with the topic of "matter" and "thing", guiding students to find the essence of the noun of the thing from the behavior of the verb to think, so as to solve the "problem" with different forms, processes, technologies, etc. in a comprehensive way. At the same time, groups or individuals complete specific hands-on projects.	4 / 4 / 5
10	设计思维 1 1. 对于设计思维部分，要让学生了解设计不仅仅是制造流程的前端，也是引导全流程的衔接与选择、评价结构、工程技术的重要因素。在教学实践过程中，最重要的是要培养学生跨学科的新思维模式。 2. 设计思维是围绕"问题"来进行的，"问题"是指设计要素交织在一起时所产生的关系和矛盾。出发于问题，最终回到并回答问题。 Design Thinking I 1. design thinking part, to make students understand that design is not only the front end of the manufacturing process, but also an important factor in guiding the whole process of articulation and selection, evaluation of structure, engineering technology. It is of utmost importance to establish and foster this new interdisciplinary mode of thinking during the teaching practice.	4 / 0 / 5

第几讲 Lecture Number	主要内容 Main Content	课时 Class Hour 教学 / 实践 / 课外 Teaching / Practice / Extracurricular
10	2. Design thinking is discussed around the "problem", which refers to the relationship and contradiction arising from the intertwining of design elements, starting from the problem, and ultimately returning to and answering the question.	4 / 0 / 5
11	设计思维 2 　　着重讲解与设计思维相关的知识内容，教会学生设计的思考方法。以案例教学为主，以提高学生的认知。同时，厘清纷杂的噱头和混淆视听的所谓"设计思维"带来的误导是本课程关键内容。 Design Thinking II 　　Focuses on the knowledge of design thinking. We will build up students' design thinking methodology and enhance their cognition through case studies. At the same time, clearing up the misleading gimmicks and confusing so-called "design thinking" is the key to the content of this course.	4 / 4 / 5
12	项目实践 4 与课程总结 1. 总结全部课程相关内容，并回顾梳理重点。 2. 找到设计基础理论与各专业之间的连接点和关联方向，提出进一步跨界融合的趋势预判或问题讨论。 3. 在实践过程中深入体会设计与制造之间的平衡。动手的目的是实现再次动脑。小组项目终评或个人成果汇报。 Project practice IV and course summary 1. Summarize all the relevant contents of the course and review the key points. 2. Find the connection point and direction between basic design theory and various specialties. Propose the trend prediction or problem discussion for further integration across the border. 3. Deeply appreciate the balance between design and manufacturing in the process of practicing. The purpose of hands-on is to use the brain again. Final evaluation of group projects or reporting of individual results.	4 / 4 / 4
合计 Total	教学课时：48　实践课时：32　课外课时：64 Teaching Hours: 48　Practice Hours: 32　Extracurricular Hours: 64	

3. 教学方法（Teaching Methods）

1）紧紧围绕美育教育的本质，加强教学顶层设计与研究

（1）增强学生对美的理解与领悟，强调教学逻辑，进一步厘清课程层次，建立设计思维体系。层层深入地激发学生对美的兴趣，以理论为基础、实践为手段、创新为目的、素养提高为方向，全面提升学生美育品格。

（2）注重学科交叉创新，强调设计的综合性和系统性，懂得要综合构成材料、工艺、人文、美学、社会、商业等学科的要素才能创造出大美之美、和谐之美的好作品。教师团队成员也要考虑到不同学科的交叉，鼓励学生跨出专业舒适圈，在学习和实践交叉学科知识的同时全面思考能力的提升。

（3）进一步挖掘学理深度，使实践环节更能体现学科特色和交叉创新，有效激发学生思考和运用知识能力，提升课程挑战度。加强教学研究，以学生的成长和收获为目标，采用科学的教学方法，使教学符合认知规律，因材施教，更好地服务于学生个性化培养的需求。

2）强化赛课结合与"双创"教学模式

鼓励学生积极参加与课程相关的系列比赛，发展出多态融合教学模式。积极转化课程成果，将设计产品新形态、传统文化新样态等延伸课题具象化，鼓励创新和课程项目的深入研究，同时为学生的多专业、差异化的共同发展打开渠道。

积极推动课程项目与"双创"的结合，鼓励学生尽快尽早了解行业和社会的发展需求，将设计为大众、设计为人民的本质真正体现于当下现实社会中，不仅做具有商业价值的设计，更要做具有社会责任、社会价值的大美设计。

3）数字化教学资源建设

针对本课程具有以设计衔接人文、美学、工程、实践等综合之美的特色，本课程探索了数字化教学与案例教学等多途径学习路径。在清华 iCenter 现有数字化平台基础上，打造课程教学所需多主题数字化空间场景；建设课程线上教学视频系统，将积累的教学案例、优秀学生作品等建立数字档案，完善线上线下融合教学的资源梳理与储备；积极开展相关数字展览，以促进交流和课程反馈。同时，还要建立教学电子档案袋，以便对教学方案、教学过程、教学数据、教学评价等进行有效管理和统计分析。

4. 学习评价（Learning Assessment）

由于选课学生多为低年级本科生，相关专业知识基础存在一定差异，因此在评价体系中采用了多维度标准，即以学生能力成长为核心，侧重课堂参与度、平时作业、小班研讨等过程性评价。在结果评价过程中，除了考查学生作品完成度、

创新度外，还考查了学生相对自身水平的进步程度，并注重努力度和收获度。

5. 教学特色（Teaching Characteristics）

本课程设置了 5 个有代表性的小实践环节并与每节理论课紧密相扣。同时设置了一个在第 4~12 周通过小组协作的大实践项目，并通过研讨、交流穿插来完成学习目标和任务。学生可以用系统的、协作的设计思维方式对制造技术与加工工艺进行选择，并完成设计项目原型。同时，学生跟随课程进度就可以完成从个体学习到团队协作、从单一技术了解到选择多种相关技术支持、从创意到创造的设计思维与综合构成的全程学习与实践。

课程为保证每一位学生的学习质量，在每个实践环节平均 5 名学生配备一名实践教学老师并进行指导。理论课程不仅有讲授，还请来业界学者、专家进行随堂分享。同时带领学生参观优秀设计基地并进行社会实践，以积极了解行业最新发展趋势。

5.2.3 教学案例（Teaching Cases）

1. 项目名称：战争和瓶

本项目基于家国情怀、红色主题来进行设计创新，以培养学生的社会责任感和爱国情怀。

项目成员：
苗金 美术学院 ｜ 周怡 美术学院 ｜ 邱可宁 经管学院

项目介绍：
本项目选择我国海军典型的武器类型作为设计原型，将武器与植物相结合，武器致敬英雄，绿植象征和平。"长征一号核潜艇"的原型是我国自行建造的首个 091 型核潜艇。项目旨在表达：植物虽是柔软、脆弱的，但更有生命力，是坚强的、有活力的。它永远会奋不顾身、一往无前，可在逆境中成长。战争总会过去，残骸也终究会被满腹活力的植物淹没。希望每一次透过玻璃看到富有活力的绿色生命的你，不忘先辈曾浴血奋战换来的不易和平。

敬，英雄；敬，和平。

课程成果：
作品参加了"中美青年创客大赛"，获得了北京市赛二等奖（图 5-25）。

小组成员：苗金，周怡，邱可宁

灯光，方便夜间观赏，并带有一定照明效果，可以当作小夜灯使用。

透明玻璃设计，通透性良好，便于观赏。

开合式设计

齿轮机械风。

内部布局可以采用个人DIY形式，有一定参与度。

玻璃部分与后部可拆分，方便内部布局。

产品系列选择我国海军代表的武器类型作为设计原型，将武器与植物相结合，武器致敬英雄，绿植象征和平。

植物总是柔软的、脆弱的，就像是生命；但生命同时又是坚强的、有活力的。它永远会奋不顾身、一往无前，一点雨露足以就地翻身，逆境成长。战争总会过去，残骸也终究会被满腹活力的植被淹没。希望在每一次透过玻璃看到富有活力的绿色生命的你，不忘曾经先辈曾浴血奋战换来的不易和平。

敬，英雄；敬，和平。

小组成员：苗金，周怡，邱可宁

图 5-25　作品参加"中美青年创客大赛"并获奖

2. 项目名称：清华特色工程文创产品设计与开发

本项目旨在探索并创新清华工程文化的内涵，以设计具有清华特色的多元化创意产品（图 5-26 至图 5-29）。

项目教学目标：

（1）深入挖掘清华工程文化的内涵，设计并制作独具匠心的文创产品；

（2）通过介绍清华工程文化，展示清华 iCenter 的软硬件实践教学场景；

（3）调研新时代清华特色工程文化的脉络，完善相关项目的设计和开发。

课程成果：

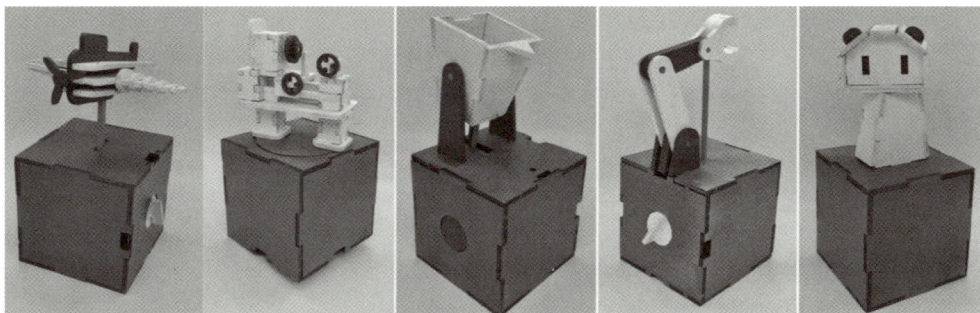

图 5-26　清华 iCenter 获 2024 年清华大学"工匠大赛"一等奖的工程文创系列设计

图 5-27　清华 iCenter 成立百年系列明信片设计

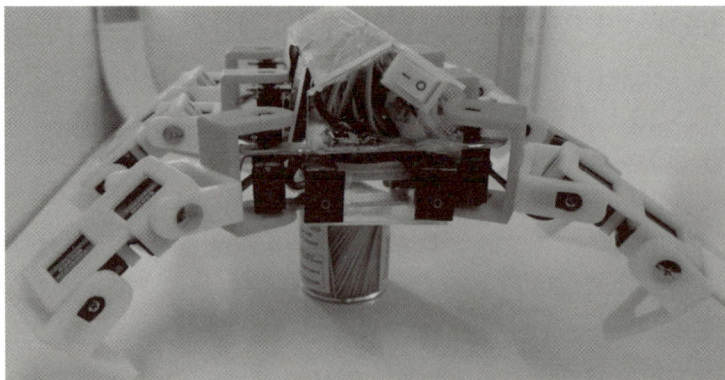

图 5-28 "遥控 6 足机械昆虫"设计

（注：获 2024 年清华大学"工匠大赛探索创新赛道——工程文化分赛"优秀奖）

图 5-29 获实用新型专利的机械发卡设计

学生培养效果：

（1）课程培养了学生将工程文化与大美之美人文素养相结合的情操；

（2）以创新为目的，学生深入挖掘并传承工程文化的内涵，探索未见之美；

（3）通过跨团队合作，学生在多场景多维度中训练，提高了设计思维能力；

（4）学生的自主学习能力和科研能力均得到了有效的提高。

3. 项目名称：东西方文化产品设计与比较

本项目旨在探索东西方文化的精髓，以设计创新为载体来展现"守正创新"和"文化自信"。

项目教学目标：

（1）基于当代东西方文化与审美，进行产品原型的设计与开发；

（2）引导学生对东西方文化进行深入理解，并在此基础上进行创新设计。

项目教学内容：

（1）讲授东西方经典设计案例，并分析比较各自的创新思路；

（2）调研相关选题的文化历史背景，为设计奠定丰富的文化底蕴；

（3）整合设计方法与材料工艺，完成从概念到实物的完整设计；

（4）制作设计产品的草模，并进行数字化推广，以实现设计的商业化全流程学习。

课程成果：

（1）设计中国文化创新载体，展现中国传统文化的现代表达（图 5-30 至图 5-33）

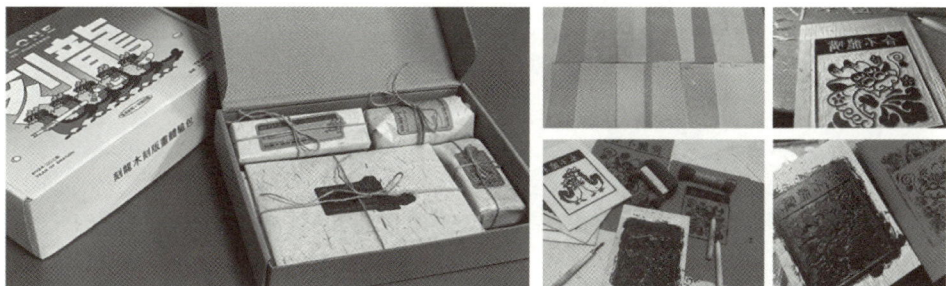

图 5-30 "刻·龙　木版年画体验包"文创产品设计

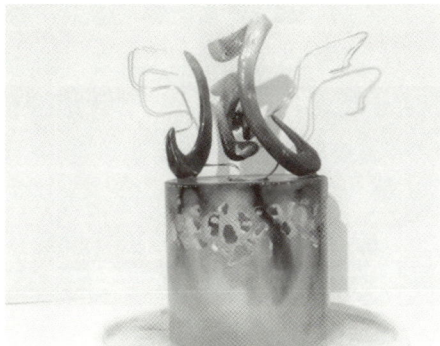

图 5-31 汉字"风"香薰文创产品设计

图 5-32　禁园春杏木质机巧装置
（注：获 2023 大学生创新创业项目（北京市级）立项）

图 5-33　秦腔戏台设计

（2）设计西方文化创新载体，探索西方传统文化的当代价值（图 5-34、图 5-35）

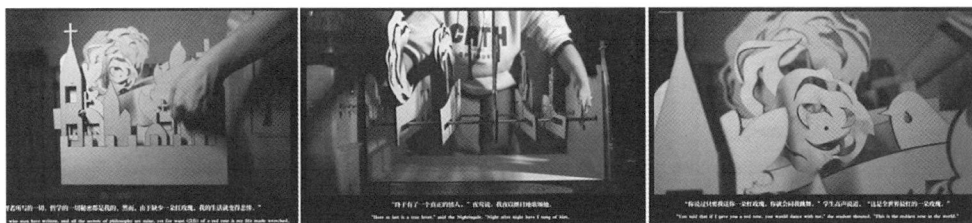

图 5-34　夜莺与玫瑰

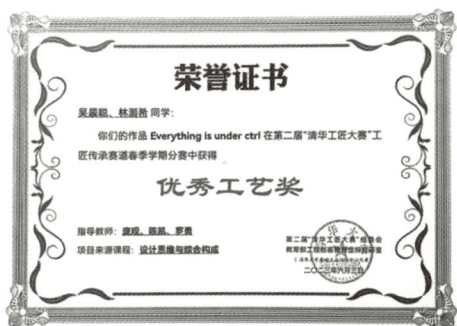

图 5-35　Everything is under crtl 扩香摆件
（注：获 2023 清华大学工匠大赛春季学期优秀工艺奖 ）

学生培养效果：

（1）培养了学生对东西方文化的深刻理解和创新能力；

（2）扩展了学生的审美品位和国际视野，增强了跨文化交流的能力；

（3）通过动手实践，让学生深刻理解了创新过程的挑战与价值；

（4）提升了学生的自主学习能力和科研能力，以及创新思维和解决问题的能力。

第6章 创业模块

6.1 创业思维（Entrepreneurial Thinking）

课程名称：创业思维

Course：Entrepreneurial Thinking

课程学分：3

Credits: 3

教学团队：由来自清华 iCenter 的 2 名教师、4 名工程师组成，并根据教学需求邀请产业专家及创业企业家参与教学（图 6-1）。

Teaching team: The team is composed of 2 professors and 4 engineers from Tsinghua iCenter. Industry experts and Entrepreneurs are also invited to participate in teaching based on course requirements.

图 6-1 教学团队构成

6.1.1 课程信息（Course Information）

1. 课程简介（Course Description）

本课程旨在培养学生像创业者一样思考和行动，其目的是创新性地解决挑战性难题，并创造社会价值和经济价值。课程将通过创业思维引导学生从无到有构建一个目标，且该目标有科学的含量、商业的含量、社会价值的含量。通过创业实践，让学生学习把一个想法变成一项技术、一个产品、一件商品、一个服务，并创造价值。课程通过讲授与实践，引导学生在知行合一中贯穿创业所涉及的关键思维，其中包括领导力思维、团队思维、创新思维、产品思维、商业思维等，以拓展学生的思维疆界，增强学生的多元化思维能力，激发学生的创新创造潜能，提高创新创业能力。创业思维不只适用于创业活动，也是学生在未来的学习及工作中善于应用的通用思维。本课程所教能力的应用场景包括：①开办新公司；②开创新事业；③开发新产品或服务；④科研团队项目创新；⑤开展一项冒险活动。课程通过教师讲授、案例分析、小组研讨、团队实践、领导力评估等多种方式，寓教于行，引导学生在知与行中深入思考，结合个人领导力特点，内化形成个人独立的创业思维。来自各院系的跨学科团队成员将共同完成一次创业实践，在朋辈学习和团队共创中，相互促进，共同成长。

This course aims to train students to think and act like entrepreneurs, by its nature, by creatively solving challenging problems and creating social and economic value.The course will guide students to build a goal from scratch through entrepreneurial thinking, with scientific content, commercial content and social value content.Learn how to turn an idea into a technology, a product, a commodity, a service, and create value through entrepreneurial practice. Curriculum through the teaching and practice, and guide students in unity throughout the business involved in critical thinking, including: leadership thinking, team thinking, creative thinking, products, business, etc., borders, expand students' thinking, strengthen the diversity of students' thinking ability, stimulate students' creative potential innovation, improve innovative entrepreneurial ability. Through teachers' teaching, case analysis, group discussion, team practice, leadership evaluation and other ways, the course combines teaching with practice to guide students to think deeply in knowledge and practice, and internalize and form individual independent entrepreneurial thinking based on personal leadership characteristics. An interdisciplinary team of students from different departments will work together to complete an entrepreneurial practice, promoting each other and growing together through peer learning and teamwork.

2. 课程定位（Course Positioning）

习近平总书记在 2018 年全国教育大会上指出，要把创新创业教育贯穿人才培养全过程，以创造之教育培养创造之人才，以创造之人才造就创新之国家。党的二十大报告指出，创新是第一动力，要深入实施创新驱动发展战略，开辟发展新领域新赛道，不断塑造发展新动能新优势。结合国家创新驱动发展战略下对全球胜任力的创新人才培养需求，本课程旨在培养学生面向创造社会价值或经济价值，学会创新性地解决挑战性难题。本课程以培养跨学科创新人才为目标，在授课过程中坚持清华大学"三位一体"的教育理念。

（1）培养创造性解决问题的能力：当学生意识到机会实际上存在于任何问题中，并开发出能创造性解决问题的相关技能时，他们就可以创造出可行的新机会了。

（2）坚持求真务实的态度：求真务实就是专注于寻求真理，即使与自己的个人信念不一致。"知道自己不知道"的创业者比"不知道自己不知道"的创业者准备得更好。

（3）提升可塑性：求真务实的创业者会合作并寻求意见，他们提问、倾听不仅仅是为了确认，更重要的是了解争议、保持开放、持续提高。

（4）增强心理韧性：创业者需要历练宠辱不惊的心理素质、坚定百折不挠的进取意志、保持乐观向上的精神状态，变挫折为动力，用从挫折中吸取的教训启迪人生，使人生获得升华和超越。

3. 通识教育理念（General Education Philosophy）

"创业思维"是一门以讲授"启发创新意识和培养创业精神"为特色的通识课程。其贯彻国家创新驱动发展战略和清华大学"三位一体，双创育人"的教育理念，并同时创造社会价值或经济价值。本课程主要讲授：如何通过创新，从而创立新事业。本课培养能力的应用场景包括：①设立新企业；②成熟组织内部创业（政府、大企业开拓新领域）；③科研团队项目创新等。课程通过教师讲授、案例分析、模拟游戏、小组研讨与设计等多种手段，帮助学生达到知识学习与能力掌握。学生以小组为单位，研讨问题并设计创新项目，小组通过双向选择进行构建。本课程旨在培养学生像创业者一样思考和行动，创新性地解决挑战性难题。

1）教学过程体现"三位一体"的教育理念

结合国家创新驱动发展战略下对全球胜任力的创新人才培养需求，本课程旨在培养学生面向创造社会价值或经济价值，学会创新性地解决挑战性难题。本课程以培养跨学科创新人才为目标，在授课过程中坚持清华大学"三位一体"的教育理念，并加强了课程思政内容，其主要涉及以下方面。

①创业思维以价值塑造贯穿始终。一个优秀的创业者必须深入了解国家的政策与环境，明晰个人的选择和成长与国家的发展息息相关，并树立家国情怀的价值取向。

②提高创新创业能力。引导学生认知当今企业及行业环境，学会辨识创新创业机会，控制创业风险，掌握商业模式开发的过程、设计策略及技巧等，提高创新创业能力。

③学习创新创业的规律与知识，掌握重要的创新创业能力，包括：自我评估、机会发现、组织创建、团队合作、商业计划、产品设计、创新方法、项目书写作、演讲与沟通。

2）课程思政教学环节设计

①教学内容贯穿马克思主义世界观、人生观、价值观，课程思政紧扣人生化导向。引导学生将创新创业思维联系到自身事业的规划与发展中，感受理论魅力，激发学习兴趣，明确人生目标，并直面人生问题。引导学生以马克思主义的世界观和方法论改造自身主观世界，形成科学人生观。

②课程体系自始至终将思想政治教育与创新创业精神的培育紧密结合，相得益彰。第一课"自我评估"环节讲授了创新创业与人生方向设计的多个层次内容，引导学生由"就业"的人生视角转向"创业"的人生视角，体会由"职业人生"向"事业人生"的转型是实现人生价值的终极目标，将马克思主义的理论逻辑、实践逻辑、人生逻辑结合起来，激发学生创新创业实践的内生动力。

③实施"师生共创"合作学习模式。本课程采取"行动—学习—提升"的学习实践模式，通过"合作学习"方法，开展"师生同创"。课程组织学生形成创新团队，并设计团队形象标志，打造"以学生为中心"的课堂体验。在创新思维部分教学过程中，组织头脑风暴活动，锻炼学生的发散性思维，以提升课堂教学过程的参与度、兴趣度。

④开展课赛结合，将思想政治教育融入 SRT 项目、大学生创新创业训练计划、"挑战杯"比赛、"互联网＋"比赛。邀请校外导师和创业校友为学生做心得分享和课后交流，从创新、心理、成长等话题角度帮助学生正确理解社会价值的意义。

4. 课程基本信息（Course Arrangements）

课程名称 Course Name	创业思维 Entrepreneurial Thinking			
学分学时	学分	3	总学时	48
预期学习成效	（1）培养创业思维：了解创业者是如何思考和行动的，初步建立创业所需要的领导力思维、团队思维、创新思维、产品思维、商业思维。 （2）能够应用创业思维，创造性地解决学习与生活中的难题。 （3）树立正确的事业观：帮助学生树立更成熟、更加适合自己的人生观和事业观，对国家、社会和自己有一个更加客观和深刻的理解。 （4）明确个人发展方向：帮助学生定位职业发展方向，为自己找到真正的人生奋斗目标。 （5）提高创新创业能力：学习创新创业的规律与知识，掌握重要的创新创业能力。			
课程分类	本科			
课程类型	全校性选修课			
课程特色	文化素质课，通识选修课			
授课语种	中文			
考核方式	考试□　考查☑			
教材及参考书	（1）宫书尧.麻省理工的创新思考力.北京：时代华文书局，2019. （2）阿什利·万斯.硅谷钢铁侠：埃隆·马斯克的冒险人生.北京：中信出版社，2016. （3）埃里克·莱斯.精益创业.北京：中信出版社，2012.			
先修要求	无			
适用院系及专业	全校各专业			
成绩评定标准	（1）平时成绩 30 分 （2）个人报告"创业者访谈" 30 分 （3）小组合作报告 40 分			

6.1.2　教学设计（Teaching Design）

1. 教学目标（Teaching Objectives）

本课程以培养具有创业意识的创新人才为目标，具体教学目标包括以下几个方面。①启发意识：启蒙学生的创业意识和创新精神，使学生了解创新型人才的素质要求，学习如何组建创新团队并有效合作，认识创业的本质，使学生具备开展创新创业活动所需要的基本认知；②建立思维：解析并初步建立学生的领导力思维、团队思维、创新思维、产品思维、商业思维等创业性思维；③提高能力：引导学生认知当今企业及行业环境，学会辨识创新创业机会，控制创业风险，掌握商业模式开发的过程、设计策略及技巧等，提高学生的创新创业能力；④知行合一：通过团队创业实践，引导学生实践运用创业思维去思考和解决问题。

2. 教学大纲（Syllabus）

第几讲 Lecture Number	主要内容 Main Content	课时 Class Hour 教学 / 实践 / 课外 Teaching / Practice / Extracurricular
1	领导力思维：创业者的自我评估与团队评估。认知自我天性（愿望、兴趣等）与创新特质（技能、资源等）是开展创新创业活动的重要起点，认知团队特质是团队开展创业活动的基础。反思自我结合观察他人，能够为合作与发挥各自价值打下重要基础。本单元通过个人领导力测评及小组研讨，让学生们反思 3 个问题：是什么使他们成为现在的自己？他们会成为怎样的创业者？如何打破常规的成功经历？ Leadership Thinking: Entrepreneurs' self-assessment and team assessment. Cognizant of self nature (desire, interest, etc.) and creative traits (skills, resources, etc.) is an important starting point to carry out innovative entrepreneurial activities, and cognizant of team traits is the foundation for the team to carry out entrepreneurial activities. Reflecting on the self, combined with observing others, provides an important foundation for cooperation and the realization of one's own values. In this module, through personal leadership assessment and group discussion, students will reflect on 3 questions: what makes them who they are now? What kind of entrepreneurs will they become? How to break the mold of a successful experience?	6 / 0 / 12
2	团队思维：创新团队的搭建与管理。一个人包打天下的时代早已经过去，创新创业是一个系统工程，需要多方面的人员参与和有效的机制来聚焦目标和激励创新。正确地认识组织的力量以及人与组织的关系是团队打胜仗的重要基础。 Team Thinking: Creative team building and management. The era of one person beating the world has long gone, innovation and entrepreneurship is a systematic project, which requires the composition of various personnel, and an effective mechanism to focus on the goal and stimulate innovation, a correct understanding of the power of the organization as well as the relationship between people and the organization is an important basis for the team to win the battle.	6 / 0 / 12

第几讲 Lecture Number	主要内容 Main Content	课时 Class Hour 教学 / 实践 / 课外 Teaching / Practice / Extracurricular
3	创新思维：通常，大家理解的创新是渐进式创新，可能带来的增长是 10%。若想获得数倍的增长，需要的是重启式的第二曲线创新。本讲将通过第二曲线、分形、错位、便宜 4 个主题，与学生边讲边练，用创新思维重新思考各个小组的原有设计概念。 Innovative thinking. Usually, innovation is understood to be incremental innovation, which may bring growth of 10%. For multi-fold growth, what is needed is a reboot type of second curve innovation. This lecture will go through 4 themes, including second curve, fractal, dislocation, cheap, and students will practice while talking, rethinking the original design concepts of each group with innovative thinking.	6 / 0 / 12
4	产品思维：产品创意设计及实现。产品是用户感受创新和享受价值的最终载体。通过创业者的头脑风暴、用户画像、用户旅程图和挑战式创新，可以塑造更大胆、更具创新性的产品。本讲开展顶天（前瞻或新颖）、立地（安全或渐进）、太空（疯狂或神奇）3 类创意练习，以激发同学们的创意思维。 Product thinking: product creative design and realization. Product is the ultimate carrier for users to feel innovation and enjoy value. Through entrepreneurial brainstorming, user profiling, user journey mapping and challenge-based innovation, products can be molded into bolder and more innovative solutions. Meanwhile, this lecture carries out 3 types of creativity exercises, including topsy-turvy (forward-looking or novel), grounded (safe or progressive), and space (crazy or magical) to stimulate students' creative thinking.	6 / 0 / 12
5	商业思维（一）：创新的方向选择与时机发现。选对创新方向可事半功倍，要针对兼具社会意义和经济价值的强需求来进行创新和创业，在个人兴趣、个人特长和社会需求三者之间寻觅交集。本讲以人工智能产业案例为基础，分析和研讨其对各个行业赋能从而带来的发展机遇。 Business Thinking (1): Selecting the direction of innovation and finding the right time. Choosing the right direction of innovation is twice the result with half the effort. We should seize the strong demand for innovation and entrepreneurship that has both social significance and economic value, and look for the intersection between personal interests, personal strengths and social needs. This lecture takes the artificial intelligence industry as a case study to analyze and discuss the development opportunities brought by its empowerment to various industries.	6 / 0 / 12

第几讲 Lecture Number	主要内容 Main Content	课时 Class Hour 教学 / 实践 / 课外 Teaching / Practice / Extracurricular
6	商业思维（二）：需求的本质与价值。需求取决于人的本性与本能。研究表明，在马斯洛需求模型中越接近底层越是刚需，越接近顶层越需要用新鲜性来刺激用户。从创新者角度看，对于需求应该是一味满足，或是引导和约束，或是平衡折中。抓住合理刚性需求既能创造更大经济价值，又能实现长远社会效益。 Business Thinking (2): The Nature and Value of Demand. Needs depend on human nature and instincts. Research shows that in Maslow's demand model, the closer to the bottom, the more rigid the demand, and the closer to the top, the more freshness is needed to stimulate users. From the innovator's point of view, should the needs be satisfied, guided and constrained, or balanced and compromised. Seize the reasonable rigid demand is not only can create greater economic value, but also can realize the long-term social benefits.	6 / 0 / 12
7	商业思维（三）：可持续成长。成长一般是大多数组织公认的有价值目标，可持续的成长模式是创新创业的生命线。例如，在商业环境中，商业模式是企业可持续的成长基础，本讲将讲授融资知识与路演技能。 Business thinking (3): sustainable growth. Growth is generally recognized as a valuable goal for most organizations, and a sustainable growth model is the life supply line for innovative entrepreneurial activities. For example, in a business environment, a business model is a sustainable growth model, i.e., a transaction structure that allows for sustainable profitability. At the same time, this lecture will teach financing knowledge and roadshow skills.	6 / 0 / 12
8	知行合一：小组合作报告的撰写与演讲。1. 报告内容：调研中发现的行业实际问题，描述用户画像，分析需求，设计解决方案，分析技术可行性，定义社会价值与经济价值；2. 以小组为单位，宣讲和演示报告；3. 回答全班同学和老师的提问；4. 报告评价总结和课程总结。 Knowing and Doing: Writing and Presentation of Group Collaboration Report. 1. Report topic: Based on the actual problems of the industry found in the research, describe the user profile, analyze the demand, design the solution, analyze the technical feasibility, and define the social value and economic value; 2. Presentation and demonstration of the report by the group; 3. Answer the questions from the class and the teacher; 4. Summary of the evaluation of the report and the summary of the course.	6 / 0 / 12
合计 Total	教学课时：48　实践课时：0　课外课时：96 Teaching Hours: 48　Practice Hours: 0　Extracurricular Hours: 96	

3. 教学方法 (Teaching Methods)

1）基于 OBE 理念设计课程思政元素

将思想政治教育有机融合在课程的全过程中，有效发挥跨学科通识课在学生世界观、人生观和价值观养成中的引领作用。基于 OBE 理念反向推导出课程体系，有效激发学生学习的主观能动性，提高学生的跨学科创新能力。

2）基于翻转课堂与案例学习教学法加大思政教育力度

为了加大思政教育力度，在实际教学过程中运用翻转课堂及案例学习教学法，转变学生被动接受教学内容的局面，从而将教师讲、学生听的"灌输式"教学转化为学生讲、教师听的高效课堂教学模式。

3）基于小组研讨牢固树立正确价值观

课程强调教学相长，以多个思辨性问题为引导，开展小组思维碰撞、深入研讨和探究环节。基于小组研讨，引导学生在价值观树立、思辨讨论和产业调研中主动发现问题、提出问题，在创新能力培养过程中融入价值塑造。为培养跨学科合作能力，组内学生可扮演多个角色，让学生在仿真的团队创新活动中增强创新精神，培养创业能力，将世界观、人生观、价值观、合作诚信等思政教育元素有机融合到小组合作中。

4. 学习评价 (Learning Assessment)

为了全面评价学生的学习成效，本课程采用综合评分体系。该体系不仅涵盖了学生在不同模块的学习表现，还强调过程评价和同伴评价的重要性。此外，在课程的开题和结题环节，我们还邀请行业专家参与评审。下表详细列出了各项评分指标及其在总成绩中的权重，旨在为学生提供清晰的学习目标和评估标准。

占比	项目	评分标准
30%	课堂表现及出勤	• 按时上课、不缺勤。 • 深入思考、积极互动（线上＋线下）。
30%	个人报告（"创业者访谈"）	• 访谈笔记结构清晰、重点突出。 • 自我分析深入、具体。 • 小组合作分析观点明确，改进方案合理可行。 这部分以教学团队主观评估方式进行，教师通过阅读报告，给出综合评估。
40%	小组合作报告	各展所长、配合良好、每课研讨。 • 报告内容有创新性、思考深入、论证完整。 • 报告逻辑清晰正确、内容完整、有说服力。 • 讲演生动、表现形式新颖。 • 团队分工明确、合作程度良好。 这部分以"师生共同评议"方式进行，不仅增加评分的客观性，而且体现以学生为主体的教学理念，让学生更多地参加到课程建设之中。

5. 教学特色 (Teaching Characteristics)

本课程致力于构建以学生为中心的教学环境，特别强调小组研讨的重要性，以促进师生互动和学生之间的深入交流。通过精心设计的思辨性问题，激发学生的批判性思维，鼓励他们在小组讨论中积极表达和探索。课程的目标是让学生在探讨和研究中自主发现并提出问题。同时在培养创新能力的过程中，自然地融入正确的价值观念。

在小组合作中，学生被鼓励扮演多样化的角色（图 6-2），这不仅锻炼了他们的跨学科合作技能，还在模拟的团队环境中加强了他们的创新和创业精神。此外，课程的教学设计确保了思政教育的元素如世界观、人生观和价值观，以及合作与诚信的重要性被有机地整合到小组合作的每个环节中，从而实现教育的全面性。

CEO (Executive)
组建团队、寻找资源、确定方向

COO(Operation)
商业模式与战略规划

CTO (Technology)
技术设计

CFO (Finance)
财务规划

CPO (Product)
用户需求与产品设计

图 6-2 小组合作的角色分工

小组研讨旨在通过不同角度的探讨和实践活动，培养学生的创业思维和领导力。下表详细列出了小组研讨的主题和内容，研讨内容涵盖了自我认知、团队管理、创新机会挖掘、社会与市场价值分析、政府创业视角、项目可行性分析、组织成长模式以及创意发展等多个方面。每个研讨都设计有特定的活动和讨论，以促进学生对创业过程中可能遇到的各种挑战和机遇的深入理解。通过这些研讨，学生不仅能够提升个人能力，还能学会如何在团队中发挥领导作用，以及如何在不断变化的市场和社会环境中寻找和实现创新的商业机会。

序号	小组研讨内容
1	小组研讨：为创造机会而自我认知 　　本研讨给学生提供一个自省的机会，让他们反思两个问题：是什么使他们成为现在的自己？他们会成为怎样的创业者？

序号	小组研讨内容
1	让学生反思令自己感到骄傲的成就，并提炼从中获得的知识、技能和能力，探讨自己达成这些成就的过程，将自己的知识、能力和愿望联系起来，以作为新创意的基础。
2	小组研讨：团队管理与团队战略——设想创业领导力 　　本研讨让创业者认识和理解自身价值观，以及利用这一理解创建组织价值观的重要性。具体练习包括：识别个人的核心价值观；将个人价值观整合到组织愿景中；与其他人交流该愿景，听取别人的意见，并对这些意见作出反馈；体会组织愿景对其他组织成员的影响；根据个人或小组上节课提出的创业主题（也可新拟主题），试着制定相应战略，例如基于战略七步法，给出前三步：愿景、目标、路线。
3	小组研讨：创新机会的挖掘 　　每个人把自己看好的创业或科研机会清楚地介绍给其他人，并分析利弊，同时听取其他人的意见。探讨场景模拟题：某个事件发生后，有哪些具体领域会存在加速发展的机会，为什么。
4	小组研讨：社会价值与市场价值的深度思考——创业的利弊分析 　　一些创业计划乍一看似乎完全符合社会责任的要求，而长远看却会引发连锁效应，利弊难判。本研讨旨在让学生思考这些计划带来的与道德相关的结果，并探究"伟大的"创新想法是否可能带来短期或长期灾难。首先让学生思考一个假设的案例，比如假设刚刚研制出一种救命的药。然后让学生推演或设想出一些导致失控、难以预测甚至长期不利后果的情境。
5	小组研讨：理解政府的创业面 　　本研讨旨在探讨如何将创业思维用于公共机构（如政府），以提供卓越的顾客服务。通过课堂讨论，学生将分析政府把服务人群视为顾客的理念。
6	小组研讨：可行性蓝图 　　可行性蓝图练习是一项基于团队的综合性任务，需要团队准备 10~12 张幻灯片用来回答有关新项目的可行性问题。该研讨让学生在实践中学习如何分析社会、科研、经济价值和人们需求，同时收集行业数据并利用有关竞争的信息。
7	小组研讨：描绘组织的成长 　　本研讨旨在归纳组织成长的异同点，以阐明并非所有组织都会顺利成长或以相同的方式成长，并说明组织通常会随着内外部环境或因素的变化而呈现不同的成长模式。帮助学生了解创业成长模型，识别组织成长的多种模式，掌握影响企业成长的外部因素和管理决策。
8	小组研讨：创意空间 　　本研讨旨在帮助学生将新创意转化为更为新颖和有趣的机会。此时学生将进行三类创意练习。 　　（1）顶天创意：前瞻、新颖、迥异、独特、令人兴奋、高风险、革命性且发人深省。 　　（2）立地创意：安全、渐进、显而易见、可模仿、普通且可预测。 　　（3）太空创意：疯狂、荒谬、怪诞、神奇、甚至毫无意义、短期不可能。

6.1.3 教学案例（Teaching Cases）

1. 项目名称：Moon KIT

项目成员：

王曦婧 建筑学院 ┃ 苏畅 致理书院 ┃ 冯王菲 经管学院

项目介绍：

Moon KIT 项目是一个以数字化手段革新博物馆体验的创新方案。该项目旨在通过 PEST 分析来深入理解数字文旅市场，并针对现有博物馆体验中的不足，如缺乏互动、讲解枯燥和未满足个性化需求等问题，提供基于人工智能（AI）和增强现实（AR）技术的解决方案。预期 Moon KIT 项目将在快速增长的数字文旅市场中占据重要地位，预计市场规模可达 600 亿元，并计划通过数字化技术刺激新的消费需求。

Moon KIT 的核心功能包括 KIT-GPT（C 端 App 和 B 端服务）、KIT-AR（实体端 K-GenPro 和 SDK 烧录）、KIT-AIGC 引擎和 KIT-UGC 平台。这些功能共同为用户提供个性化的文物讲解、AR 交互体验、文物内容创作和用户生成内容（UGC）平台服务，让参观者能够以全新的方式与文物互动。该项目主要面向儿童与家庭、商务和假日游客、创意专业人士以及学者等核心用户群体，旨在提供教育与娱乐结合、文化深度体验、商务团建、文物研究与传承等多样化的应用场景（图 6-3）。

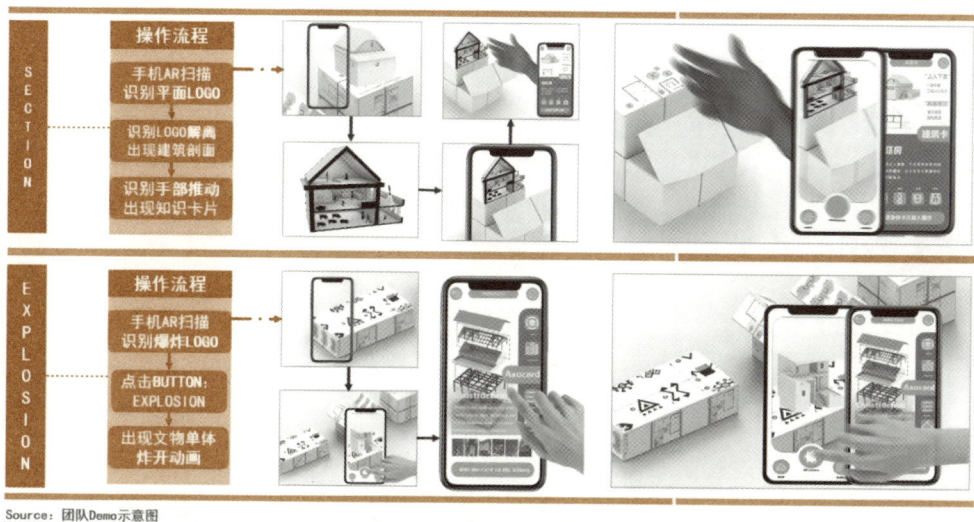

图 6-3　Moon KIT App 端

Moon KIT 的商业模式是提供定制化讲解、AR 体验和搭建二创平台，通过线上线下相结合的方式，让游客获得全过程参与式的博物馆体验。项目通过个人关系和社区关系与用户建立联系，提供个性化服务，并增强用户黏性。收入来源包括定制服务、实体产品销售、实体文创和广告。

团队拥有强大的技术力量和丰富的行业经验，致力于通过快速迭代复制和OTO 模式，实现线上与线下的无缝衔接，以提高用户满意度和忠诚度，同时为博物馆带来商业机会和合作空间。

2. 项目名称：AI 4 LAW（图 6-4）

项目成员：

杨咏婷 经管学院 | 梁子昌 经管学院 | 袁誉杭 探微书院

项目介绍：

AI 4 LAW 法律咨询助手是一个旨在通过人工智能技术提供快速、便捷、易得的法律咨询服务项目。该项目基于 GLM 架构的对话语言模型，专注于解决法律领域中的实际问题。AI 4 LAW 的核心功能包括合同草拟、案件咨询、法律问答、法律白话解释和法律文件审查，旨在为用户提供高效、低成本的法律支持。

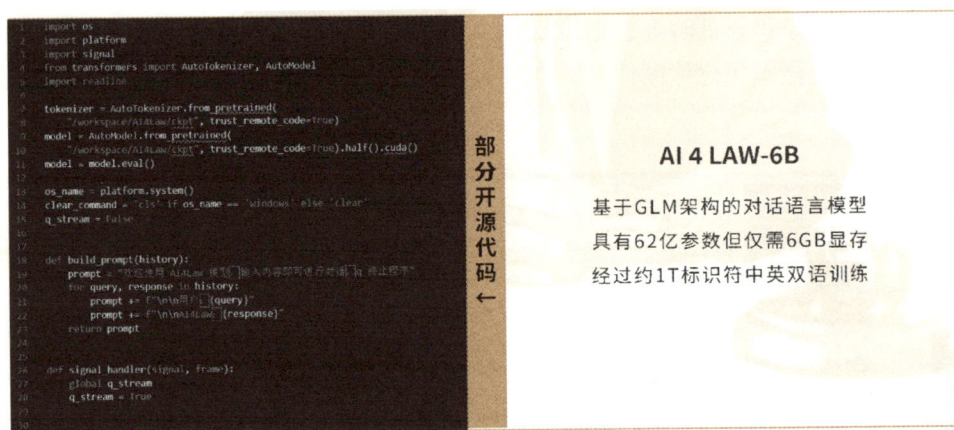

图 6-4　部分开源代码

该项目市场定位明确，针对的是法律需求攀升而市场上缺乏即时解决法律问题平台的空白。AI 4 LAW 法律咨询助手旨在为政府、大众、律师和企业等不同客群提供服务，通过智慧法院建设、云平台服务、广告收入和企业律所服务等多元化盈利模式，预期在未来三年内可实现盈利。团队预计，通过紧跟产业扶持政策、提供试用服务收集反馈、合作产生协同效应，以及针对企业高频法律需求提供定制服务，将能够迅速占领市场。

AI 4 LAW 法律咨询助手项目的发展规划清晰。团队的目标是建立国内第一的基于人工智能的法律服务公司，致力于实现司法正义，通过提供 24 小时的法律咨询服务，跨越时空和地域限制，从根本上解决城乡法律资源不平等的问题，解决传统法律咨询服务慢和贵的痛点。

3. 项目名称: MOVEX（图 6-5）

项目成员：

孙新雅 美术学院 ｜ 洪楚烨 计算机系 ｜ 邵京 自动化系
苏禹畅 计算机系 ｜ 张杰同 经管学院

项目介绍：

MOVEX 是一款创新的智能运动应用程序，旨在通过人工智能技术提供动作分析、运动矫正和个性化训练服务。该应用程序利用手机摄像头和传感设备捕捉用户动作，同时通过 AI 进行实时动作分析，并生成详细的运动报告。它不仅满足了用户对于准确和专业指导的基本需求，还通过酷炫海报和社交圈功能，满足了用户建立社交联系和分享运动成就的进阶需求。

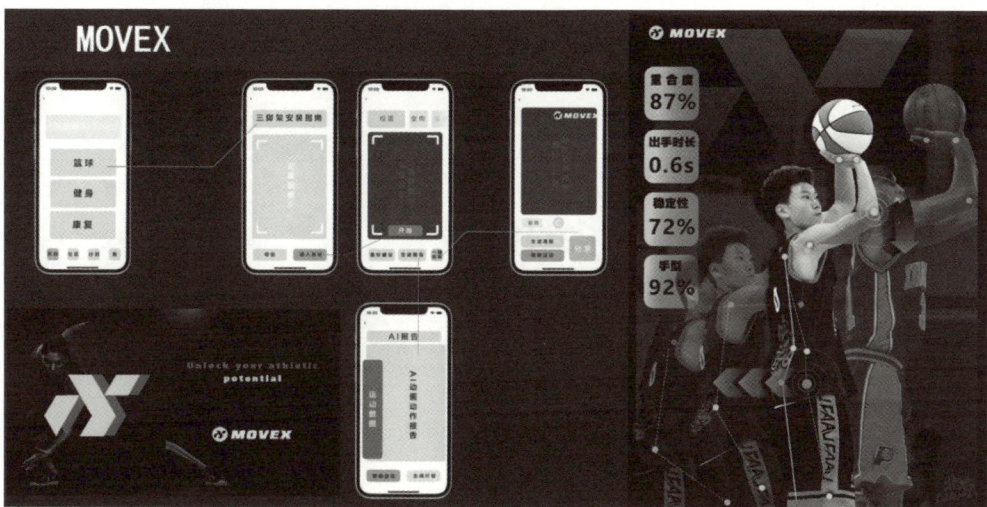

图 6-5　应用程序界面

MOVEX 面对的市场庞大且具有巨大潜力。我国 AI 运动康复矫正系统的市场估值预计可达 80 亿元，应用涵盖健身场馆、学校和消费者个人等多个领域。预计到 2030 年，我国体育锻炼人数将从 2020 年的 4.35 亿增长至 5.3 亿，并显示出千亿级的潜在市场经济规模。MOVEX 通过个性化、专业化和高性价比"三位一体"的服务，为用户提供了一对一精准运动矫正体验，相较于竞品，它体现了更加个性化和实时反馈的优势。

MOVEX 还承载着重要的社会价值，旨在助力国家竞技体育，增强民族自信心和凝聚力，并促进全民健康。展望未来，MOVEX 计划进军兴趣教育行业，并推广到更多运动领域。同时探索可穿戴传感设备和 VR 技术的应用，以进一步提升用户体验。

4. 项目名称: Workout Together（图 6-6）

项目成员:

肖一翃 自动化系 ｜ 陈哲睿 行健书院

项目介绍:

Workout Together 是一个创新的虚拟人陪伴交互运动健康服务平台，旨在通过先进的建模技术和人工智能交互功能，为用户提供独一无二的虚拟人化身和深度的社交互动体验。该平台专注于解决现代社会中人们普遍存在的运动焦虑和孤独感问题，特别是针对 90 后和 00 后这一庞大的市场人群。Workout Together 通过提供个性化的虚拟人陪伴、实时互动教学、社区分享以及结伴和互动运动等功能，满足用户的多样化需求，增加运动的趣味性和社交性，从而提升用户黏性和平台活跃度。

图 6-6　产品呈现

在商业模式上，Workout Together 采取分阶段战略规划，从前期的用户体验和反馈收集，到中期的用户社区拓展和会员制服务，再到后期的多方式虚拟人建模/交互和智能硬件设备兼容，逐步构建成熟的盈利模式。

团队由清华大学"自动化 + 力学 + X"领域的专家组成，团队成员具有卓越的学术背景和丰富的实践经验，确保了项目具有技术创新和市场竞争力。此外，平台还积极拓展新领域，如沉浸式 VR 健身房，以提供更丰富的用户体验。

Workout Together 项目具有显著的社会价值，其响应国家全民健身和健身智慧化的政策，推广创新的运动健康服务，营造积极的社会运动氛围。通过虚拟人陪伴和社区功能，项目旨在缓解人们的孤独焦虑，提供人际交往的可能性，并通过便捷有趣的运动方式改善用户健康状况。

5. 项目名称：尔康（图 6-7）

项目成员：

崔瑾楠 经管学院 ｜ 邹恬圆 计算机系 ｜ 杨欣泽 经管学院

张泊宁 美术学院

项目介绍：

"尔康"是一个专为年轻人设计的健康管理平台，旨在满足亚健康状态年轻人群的健康管理需求。该项目抓住了中国智慧医疗市场的发展机遇，特别是针对年轻一代的非专业泛健康管理市场的蓝海。通过用户调研，团队发现年轻人渴望得到便捷、无痛、智能且人性化的健康管理服务，同时对自律存在困难，对付费功能持谨慎态度。因此，"尔康"通过 AI 算法和专业医疗团队的合作，为用户提供个性化的健康管理方案，同时注重降低使用门槛，以提高用户付费意愿。

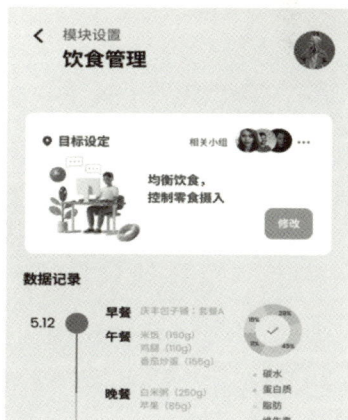

图 6-7　产品功能界面

"尔康"健康管理平台的核心优势在于其细分市场定位、革新概念，以及对

"不自律"健康提出新主张。它专注于年轻人的医疗健康需求，提供轻症慢病管理服务，同时通过非专业服务的整合，为用户提供一个体系化、可靠的健康管理选择。"尔康"还打破了"自律"的假设，提出了新健康理念，通过专业人士的监督和计划制订，帮助用户实现健康目标，同时降低健康管理的成本和复杂性。

该项目的发展规划明确，分为准备阶段、市场进入、市场拓展和第二曲线等四个阶段。在准备阶段，将重点进行用户调研、App 设计和 AI 模型构建。在市场进入阶段，将通过可穿戴设备合作、大厂福利和体检附加服务等方式切入白领市场。在市场拓展阶段，将拓展用户群体至大学生市场，并通过 AI 付费功能和"脂肪险"等策略转化付费用户。在第二曲线阶段，将探索智能硬件和物联网生活服务，并与线上生活服务巨头和线下社区零售商合作，以进一步扩大市场影响力。在资金分配上，将重点投入研发费用，逐步拓展市场，预计在未来几年内将实现显著的用户增长和营收。

第 7 章　创新实践模块

7.1　智慧城市专业创新实践（Smart City Innovation Practice）

课程名称：智慧城市专业创新实践

Course：Smart City Innovation Practice

课程学分：3

Credits: 3

教学团队：由 9 名教师组成，分别来自清华 iCenter 和清华大学建筑学院、环境学院、土木水利学院、电机工程与应用电子技术系，并根据教学需求邀请产业专家参与教学（图 7-1）。

Teaching team: The team is composed of 9 faculty members from Tsinghua University, specifically from Tsinghua iCenter, the School of Architecture, the School of Environment, the School of Civil Engineering, and the Department of Electrical Engineering. Industry experts are also invited to participate in teaching based on course requirements.

图 7-1　教学团队构成

7.1.1 课程信息（Course Information）

1. 课程简介（Course Description）

智慧城市专业创新实践是面向城市、建筑、环境、景观、水务、能源等领域的需求，旨在改善智慧城市与人居环境，探索智慧城市未来发展方向的课程。该课程通过创新实践模式，加强创新创业基础知识和创新理念的教育，指导学生运用嵌入式产业最新的技术工具，掌握智慧城市专业的设计方法和基本技能，同时完成一种或多种智慧城市系统原型的设计，为解决人类居住环境的重大问题给出创新性解决方案。

The Smart City Specialty Innovation Practice is aimed at the needs of urban, architectural, environmental, landscape, water affairs, energy, and other fields, to improve smart cities and the human living environment, and to explore the future development direction of smart cities. Through innovative practice models, the course strengthens the education of basic knowledge and innovative concepts of innovation and entrepreneurship, guiding students to use the latest technological tools from the embedded industry, master the design methods and basic skills of the smart city specialty, and at the same time complete the design and implementation of one or more smart city system prototypes, providing innovative solutions to major issues in the human living environment.

2. 课程定位（Course Positioning）

结合清华大学"三位一体"的教育理念，本课程围绕智慧城市激发创新意识，提高本科生的科技创新创业能力，培养创新型人才。本课程的创新实践针对城市、建筑、环境、景观、水务、能源等应用场景，应用物联网技术及泛在 IoT 网络等，小尺度关注智慧家居、智能建筑设计、智能电力及能效需求侧管理、设备管理及建筑节能等，中尺度聚焦智慧化城市环境、景观、智能新能源发电系统的设计、监测与管理，大尺度探索城市大数据的挖掘及智慧化、系统化应用。总体基于前瞻性视角，以产业化为导向，强调参与性、创新性、应用性，探索多尺度的人居环境问题的创新解决策略。创新实践致力于学生创新能力的持续提高和价值提升，学生通过智慧城市专业的创新实践，能够运用智慧城市认知与新的数据方法，开发出智慧城市建设模型，并初步提出建造智慧城市、智能公共空间及设施的方案，从而全面提高学生在智慧城市领域的创新创业实践能力。

1）价值层面

（1）强化学生服务国家需求的社会责任感，激发学生追求创新的兴趣，提升学生对建立人类卫生健康共同体的认识。

（2）引导学生树立为解决人类居住环境重大问题而努力的世界观。

2）能力层面

（1）培养学生系统开发、整合创业项目的能力。

（2）围绕智慧城市激发创新意识，提高本科生的科技创新创业能力。

3）知识层面

（1）学习云计算、物联网、互联网等先进技术。

（2）学习创新创业基础知识并接受创新理念的教育。

（3）掌握智慧城市专业的设计方法和基本技能。

课程在实施过程中，以价值塑造为灵魂、能力培养为核心、知识传授为基础，三者相互支撑、相互促进，共同构成了本课程独特的育人特色与优势。

在"价值塑造"环节，引导学生树立正确的价值观与职业观。通过深入分析建设智慧城市的社会意义与价值，让学生认识到智慧城市不仅是技术进步的产物，更是推动社会发展、改善民生的重要途径。这有助于培养学生的社会责任感与使命感，激发他们积极投身智慧城市建设的热情与决心。

在"能力培养"环节，通过安排丰富的实践活动，如案例分析、实地考察、项目设计等，让学生在实践中掌握建设智慧城市的基本技能和方法。同时，课程鼓励学生发挥想象力与创造力，提出具有创新性的解决方案，以培养学生在复杂情境中独立思考、解决问题的能力。

在"知识传授"环节，课程不仅涵盖了智慧城市的基本概念、发展历程和关键技术等基础内容，还关注了行业前沿动态和最新研究成果，使学生能够全面、深入地了解智慧城市领域的现状与发展趋势。此外，课程还注重跨学科知识的融合与拓展，为学生提供更广阔的知识视野和更丰富的学术资源。

3. 通识教育理念（General Education Philosophy）

本课程旨在培养学生的全面素养和综合能力，强调实践与创新并重。

（1）教学始终以学生为中心，关注学生的需求和兴趣，确保学生在学习过程中能够主动参与并积极探索。

（2）强调教学内容的实际应用价值，通过实践项目、案例分析等方式，使学生能够将所学知识应用于实际智慧城市的建设中。

（3）注重培养学生的创新思维，鼓励他们挑战传统观念，提出新颖的解决方案，为智慧城市的发展贡献智慧。

（4）强调跨学科的知识融合，将计算机科学、城市管理、数据分析等多个学科的知识有机结合，培养学生的综合素质和跨学科解决问题的能力。

在教学内容选择上重点关注了以下几个方面。

（1）重视学生对智慧城市相关基础知识与技能的掌握，如计算机编程、数据分析、网络通信等，为他们的后续学习和实践打下基础。

（2）注重培养学生的批判性思维，教会他们如何分析、评价和解决复杂问题，使他们在智慧城市建设中能够独立思考、科学决策。

（3）注重学生的情感发展和价值观塑造，通过课堂讨论、案例分析等方式，引导学生形成积极向上、负责任的态度和价值观，为他们未来的职业发展奠定坚实的基础。

（4）通过实时反馈与评估机制，及时了解学生的学习情况和遇到的问题，以便调整教学策略和内容，确保教学效果最优。

4. 课程基本信息（Course Arrangements）

课程名称 Course Name	智慧城市专业创新实践 Smart City Innovation Practice			
学分学时	学分	3	总学时	96
预期学习成效	课程致力于学生创新创业能力的持续提高和价值提升，通过智慧城市专业的创新实践环节，应用智慧城市认知与新的数据方法，开发出智慧城市建设模型，并初步提出建造智慧城市、智能公共空间及设施的方案。			
课程分类	本科			
课程类型	全校性选修课			
课程特色	实践课，通识选修课			
课程类别	人工智能实践类			
授课语种	中文			
考核方式	考试□ 考查☑			
教材及参考书	巴蒂·M. 创造未来城市. 徐蜀辰，陈翔怡，译. 北京：中信出版社，2020.			
先修要求	无			
适用院系及专业	全校各专业			
成绩评定标准	（1）平时成绩30分：学习实践20分＋与老师讨论10分 （2）大作业开题报告15分 （3）大作业中期汇报15分 （4）大作业最终汇报40分			

7.1.2 教学设计（Teaching Design）

1. 教学目标（Teaching Objectives）

课程以智慧城市为主题，围绕智慧城市培养学生的创新思维、实践能力，并掌握跨学科融合知识。具体目标包括：掌握智慧城市的基本概念、原理和技术；

理解智慧城市建设的发展趋势与挑战；具备参与智慧城市项目规划与实施的初步能力；培养团队协作精神与创新能力。同时，推动智慧城市的理念和实践在校园内的普及和深化。同时，学生将在课程中完成团队组建、对智慧城市行业前沿的初步理解、对智慧城市行业领域创新创业的认知、初步选定小组创新课题并开展智慧城市行业分析以及方案设计和优化、作品实现与展示。通过智慧城市专业的创新实践环节，应用智慧城市认知与新的数据方法，开发出智慧城市建设模型，并初步提出建造智慧城市、智能公共空间及设施的方案。

2. 教学大纲（Syllabus）

第几讲 Lecture Number	主要内容 Main Content	课时 Class Hour 教学 / 实践 / 课外 Teaching / Practice / Extracurricular
1	对课程的总体要求与具体安排进行详细介绍。举办两场专题讲座，引领学生对智慧城市及其相关领域有所熟悉与认知。 （1）第四次工业革命背景下的一系列颠覆性技术对城市影响涉及三个方面，即城市认知、城市变革以及创造未来城市。 （2）智慧水景观研究与设计。分别探讨建设海绵城市的目的与意义、智慧技术如何改变海绵城市建设与监测方式，以及如何让智慧化技术更好地为人类的健康与自然和谐服务。 Provide a comprehensive introduction to the general requirements and specific arrangements of the course, and conduct two special lectures to guide students in becoming familiar with and gaining an understanding of smart cities and related fields: (1) The impact of a series of disruptive technologies on cities under the backdrop of the Fourth Industrial Revolution, specifically through three concrete pathways: urban cognition, urban transformation, and the creation of future cities; (2) Research and design of smart water landscapes. Explore the purpose and significance of sponge cities, how smart technology can change the construction and monitoring methods of sponge cities, and how to better utilize smart tools and technologies to serve human health and harmonious coexistence with nature.	2 / 5 / 5
2	围绕智慧城市相关主题举办三场专题讲座，从不同角度增强学生对于智慧城市的理解：①人机结合的空间认知，具体包含数字建筑设计、数字化建造、编织结构，以及基于时空轨迹数据分析的建筑空间环境行为研究；②新能源小镇与未来生活，以同里新能源小镇为案例展开，并就物联网、绿色建筑、智能家居等应用场景对未来生活的影响进行展望；③智慧城市中的智慧园林，围绕该主题从理论背景、应用场景、工程案例与创新思路等四方面进行介绍。	2 / 5 / 5

第几讲 Lecture Number	主要内容 Main Content	课时 Class Hour 教学 / 实践 / 课外 Teaching / Practice / Extracurricular
2	Three special lectures will be conducted on themes related to smart cities, enhancing students' understanding from different perspectives: ① Human-Machine Integrated Spatial Cognition. This includes digital architectural design, digital construction, woven structures, and research on architectural spatial environmental behavior based on spatiotemporal trajectory data analysis; ② New Energy Towns and Future Living. The case of Tongli New Energy Town will be discussed, and the application of technologies such as the Internet of Things, green buildings, and smart homes will be explored to envision future lifestyles; ③ Smart Landscapes in Smart Cities. The theme will be introduced from four aspects: theoretical background, application scenarios, engineering cases, and innovative ideas.	2 / 5 / 5
3	继续围绕智慧城市相关主题举办三场专题讲座，拓展学生研究思路并期望对其后续选题有一定启发：①智慧城市水环境管理技术与应用，分别从城市化与海绵城市建设的需求、城市水管理的智慧转型出发进行探讨，并结合海绵城市监测评价系统、智慧排水监测技术以及城市河网智慧调度等三个案例展开说明；②暴雨洪涝风险的精准模拟与智慧调控，主要从感知、预知与决策等三方面进行深入探讨；③技术创新思维，对其概念、方法案例进行生动讲解，最终对清华 iCenter 进行补充介绍。 Continue with three special lectures on the theme of smart cities to broaden students' research perspectives and provide inspiration for their subsequent topic selection: ① Smart City Water Environment Management Technology and Applications. The discussion will start from the needs of urbanization and the construction of sponge cities, the intelligent transformation of urban water management, and will be illustrated with three case studies: the sponge city monitoring and evaluation system, smart drainage monitoring technology, and the intelligent scheduling of urban river networks; ② Precise Simulation and Smart Regulation of Flood and Flood Risks. The focus will be on in-depth exploration from the aspects of perception, prediction, and decision-making; ③ Technological Innovation Thinking, with a lively explanation of its concepts and methodological case studies, and a supplementary introduction to the iCenter.	2 / 5 / 5

第几讲 Lecture Number	主要内容 Main Content	课时 Class Hour 教学 / 实践 / 课外 Teaching / Practice / Extracurricular
4	在课程专题讲座基础上，小组合作完成课程分享作业，围绕拟定主题进行应用案例的收集与分析，以促进选题意向的生成。 Based on the course's special lectures, complete the course sharing assignment through group cooperation, collect and analyze application cases around the predetermined theme, and promote the generation of topic selection intentions.	2 / 5 / 5
5	课程分享作业交流。通过案例学习和了解前沿技术，发现潜在的智慧城市应用场景。 Course sharing assignment communication. Understand cutting-edge technologies through case studies and discover potential smart city application scenarios.	2 / 5 / 1
6	个人大作业选题材料准备。每位学生应有相对明确的选题意向（数据分析评估类、设施研发类、模型制作类、设计规划类等），由老师对学生的选题材料进行点评与指导。 Preparation for individual major assignment topic selection. Each student should have a relatively clear intention for their topic selection (such as data analysis and evaluation, facility development, model making, design and planning, etc.), and the teacher will provide comments and guidance on the students' topic materials.	2 / 5 / 5
7	每位学生对各自的选题开题材料进行进一步优化。 Each student should further focus and refine their respective topic materials.	1 / 5 / 5
8	大作业开题汇报。具体包含选择项目场地、确定智慧城市应用场景、确定初步的技术实施方案。学生要与老师沟通细节以确保项目的可行性。 Major assignment proposal report. This specifically includes selecting the project site, determining the smart city application scenario, establishing a preliminary technical implementation plan, and communicating details with the teacher to ensure the feasibility of the project.	1 / 5 / 5
9	特邀专题讲座。邀请领域专家进行专题报告分享。 Special invited lecture, inviting field experts to share their expertise through thematic reports.	2 / 5 / 1
10	学生以自主实践为主，完善大作业方案。学生可提前预约指定老师参与分组讨论，未被预约的老师可选择自由加入。	1 / 5 / 5

第几讲 Lecture Number	主要内容 Main Content	课时 Class Hour 教学 / 实践 / 课外 Teaching / Practice / Extracurricular
10	The focus is on students' independent practical learning, deepening and advancing the major assignment plan. Students can make appointments in advance to have designated teachers participate in group discussions, and teachers who are not scheduled can choose to join freely.	1 / 5 / 5
11	学生以自主实践为主，完善大作业方案。学生可提前预约指定老师参与分组讨论，未被预约的老师可选择自由加入。 Students are primarily engaged in self-directed practical learning, deepening and advancing their major assignment plans. Students can book appointments in advance for designated teachers to participate in group discussions, while teachers who are not booked can opt to join freely.	1 / 5 / 5
12	大作业中期汇报。学生对大作业进展进行梳理并就相关问题进行集中交流。 Mid-term report for the major assignment, to organize the progress of the major assignment and engage in focused communication on related issues.	1 / 5 / 5
13	学生以自主实践为主，完善大作业方案。学生可提前预约指定老师参与分组讨论，未被预约的老师可选择自由加入。 Students are primarily engaged in self-directed practical learning, deepening and refining their major assignment plans. Students can book appointments in advance for designated teachers to participate in group discussions, while teachers who are not booked can choose to join at their discretion.	1 / 5 / 1
14	学生以自主实践为主，完善大作业方案。学生可提前预约指定老师参与分组讨论，未被预约的老师可选择自由加入。 Students are primarily focused on independent practical learning, enhancing and refining their major assignment plans. Students can schedule appointments in advance for specific teachers to participate in group discussions, and teachers who are not pre-booked may join the discussions freely at their discretion.	1 / 5 / 5
15	学生以自主实践为主，完善大作业方案。学生可提前预约指定老师参与分组讨论，未被预约的老师可选择自由加入。 Students are primarily focused on independent practical learning, enhancing and refining their major assignment plans. Students can schedule appointments in advance for specific teachers to participate in group discussions, and teachers who are not pre-booked may join the discussions freely at their discretion.	1 / 2 / 5

第几讲 Lecture Number	主要内容 Main Content	课时 Class Hour 教学 / 实践 / 课外 Teaching / Practice / Extracurricular
16	大作业最终汇报。对最终大作业方案进行完整汇报并提交相关成果，课程小组组织专家给予指导与评价。 Final major assignment presentation, where the final major assignment plan is fully reported and related outcomes are submitted. The course team organizes experts to provide guidance and evaluation.	2 / 0 / 1
合计 Total	教学课时：24　实践课时：72　课外课时：64 Teaching Hours: 24　Practice Hours: 72　Extracurricular Hours: 64	

3. 教学方法（Teaching Methods）

在 CDIO 教学模式下，本课程的实践项目按照"项目为载体，教师为引导，学生为中心"的思路开展，培养学生动手操作、创新设计和团队协作等能力。以清华大学校园为智慧项目载体，将课堂问题转化为实践项目。教学团队将科研工作中的难点引入课堂教学，并在校园的科研课题中为学生寻找实践项目，这样学生团队可真刀真枪地去实践。同时，探索课赛相结合的教学模式，增强学生综合实践能力和解决复杂工程问题的能力。最后，构建注重过程性评价的多元化考核方式，以合理评价学生在项目实践过程中的表现。

本课程具体教学方法归纳如下。

（1）教学内容设置：教学内容涵盖智慧城市的多个领域，包括智慧控电、智慧环保、智慧水务、城市大数据分析、智慧园林等。课程将介绍相关技术和应用案例，探讨智慧城市的理念、架构和实施策略。同时，将新兴技术及最新成果引入教学内容中。

（2）实践环节设计：在设计实践项目时，让学生参与智慧城市相关课题的研究与实践，培养其实践能力和创新精神。同时，与企业和研究机构合作，为学生提供实习机会，拓宽实践渠道。项目围绕智慧城市领域的管理模式、新技术和新方法，以小组为单位（每组 2~3 人）合作完成综合性实验、大作业和课程设计。同时，模拟项目开发完整流程。小组成员要有清晰的分工，并扮演不同的用户角色，以培养学生项目开发素养、团队管理和协作能力。

（3）案例分析与讨论：引入国内外典型的智慧城市案例并进行分析与讨论，让学生深入了解智慧城市建设的成功经验与教训。案例分析将结合理论知识，引导学生思考智慧城市的未来发展趋势与面临的挑战。

（4）技术工具应用：在课程中引入先进的技术工具，如大数据分析平台、物联网设备、GIS软件等，让学生在实际操作中掌握相关技能。同时，鼓励学生利用开源技术平台进行创新实践，培养其技术创新和团队合作能力。

（5）分析研究：课程组采用启发式、讨论式、互动式、翻转课堂等授课方式，针对事先设计的问题，组织学生开展课堂讨论和汇报，充分发挥学生的主体作用，调动学生学习的积极性，使学生变被动听课为主动思考和主动学习，培养其独立思考、发现问题、分析问题和解决问题的能力，培养团队合作意识和能力。

（6）建立完善的课程评价体系：包括作业、测验、实验报告、项目实践等多种形式的考核。注重过程评价与结果评价相结合，全面评估学生的理论知识掌握情况和实践能力。同时，鼓励学生参与课程评价，以收集反馈意见。

（7）教师团队建设：组建由具有丰富实践经验和深厚理论造诣的跨学科专家学者组成的教师团队。加强教师培训与交流，提高教师的专业素养和教学能力。同时，引入外部专家作为客座教授或开设讲座。

4. 学习评价（Learning Assessment）

课程建立了多维度学习评价。首先，通过学生出勤率、课堂活跃度、作业完成质量等指标，评估学生的参与度。其次，观察课堂上师生之间的互动，包括提问、回答、讨论等，评价其质量和效果。在实践环节的设计和实施，如实验、项目、实地考察等，是否有效地提高了学生理论知识与实际应用相结合的能力。最后，通过作业质量、测试成绩、项目完成情况等，评估学生的学习成效和对课程内容的掌握程度。

评价从以下几方面着手。

（1）实践操作能力：考查学生将理论知识应用于实际问题的能力，包括软件操作、硬件连接、系统集成等实践技能。通过实验、项目实践等方式进行评价。

（2）创新能力：鼓励学生在智慧城市领域提出新的创意、解决方案和创新思维。通过工创大赛、方案设计等方式对学生进行评价。

（3）知识综合运用：将计算机科学、城市规划、社会学等知识融合应用于智慧城市建设中。通过案例分析、综合项目等方式对学生进行评价。

（4）学习态度与习惯：评价学生的学习主动性、探究精神和团队合作精神，通过课堂参与、课后自学、团队合作等情况进行评价。

课程鼓励学生之间进行互评、互学，促进知识的交流和共享。建立教师互评机制，促进教师之间的交流和学习，提升教学质量。邀请教学督导专家对课程进行定期评估，提出改进意见和建议。

5. 教学特色 (Teaching Characteristics)

课程将围绕智慧城市的核心理念、技术基础、实践案例等展开，帮助学生掌握智慧城市建设的核心知识和技能。

教学过程：

（1）在研讨环节，鼓励学生提出对智慧城市建设的见解和建议。学生分成小组，每组 3~5 人，通过小组讨论、主题发言、角色扮演等多种形式，激发学生的参与热情，培养他们的团队协作和问题解决能力，促进学生间的交流与合作。同时，邀请行业专家进行现场指导，与学生分享他们在智慧城市实践中的经验和教训。

（2）组织学生进行实地考察，参观当地的智慧城市建设项目，了解项目的运作机制和实际效果。此外，我们还设置创新实践项目，让学生在实践中学习和探索智慧城市的创新应用。这些项目涉及智慧校园、智慧能源、智能安防、智慧环保、智慧水务、智慧园林、智慧城市大数据等多个领域，旨在培养学生的创新思维和实践能力。

（3）引入国内外智慧城市建设的典型案例进行分析与讨论，通过对成功案例的剖析，使学生能够学习到先进的智慧城市建设理念和技术应用；通过对失败案例的反思，使学生能够认识到智慧城市建设中可能遇到的问题和挑战。

7.1.3 教学案例 (Teaching Cases)

课程建设的预期成效主要包括以下几个方面。

（1）知识掌握：使学生能够全面、深入地理解智慧城市的基本概念、核心技术和应用领域，形成系统的知识体系。

（2）实践能力提升：通过项目式、探究式、启发式的教学与实践，提高学生的创新思维能力，培养其实践操作能力和解决实际问题的能力。

（3）跨学科融合：将信息、水务、环保、建筑、能源、公共服务等多学科内容进行交叉融合，以培养学生的跨学科综合素质。

（4）社会责任感：引导学生关注城市发展的现实问题，增强社会责任感和使命感，为智慧城市建设贡献智慧和力量。

1. 项目名称：智慧校园外卖骑手危险行为识别

项目成员：

陈弘毅 电子系 ｜ 夏俊豪 建筑学院 ｜ 闫霄玥 建筑学院

项目介绍：

本项目旨在树立学生从"我真好"到"大家好"的共同体意识。在课程前段，教师团队带领学生参观美丽清华校园。学生看到绿油油的胜因院、清澈的荷塘、水漾的清华大学校河等，能够充分感受到在清华大学生活"我真好"。接下来教学团队会提示学生，正因为智慧城市建设在这些美好环境中发挥了作用，如胜因院改造、水上机器、智慧雨洪调控等，才会有今天如此美丽的校园。然后，由此引起学生讨论和分析目前校园存在的问题以及是否有解决方案，并结合美丽校园、文明校园、健康校园的宗旨，引导学生创建实际项目。

学生团队通过调研发现，在校园中点外卖已经成为目前清华师生的日常生活习惯，也为我们的生活带来了极大的便利。但由于电动自行车事故的易发性、严重性以及外卖员职业的特殊性，使得外卖员发生危险骑行行为的概率远超普通电动车骑行者。加之校园道路行人、自行车、电动车、机动车混行，路况复杂，易发生交通安全事故，对学生与外卖员的生命安全造成一定的威胁。因此，项目团队紧扣美丽校园要"大家好才是真的好"的主题，探寻问题的解决方案。项目团队利用校园中的摄像头数据记录了大量的骑行行为，并通过深度学习方法的迁移运用，对路口这一空间单元中外卖员的骑行行为进行提取，进一步进行数据统计与分析，再以可视化的方式分析校园外卖骑手对周边学生群体所构成的交通危险因素。经历上述调研，也让团队成员树立了"校园是我家，美丽靠大家"的意识（图 7-2）。

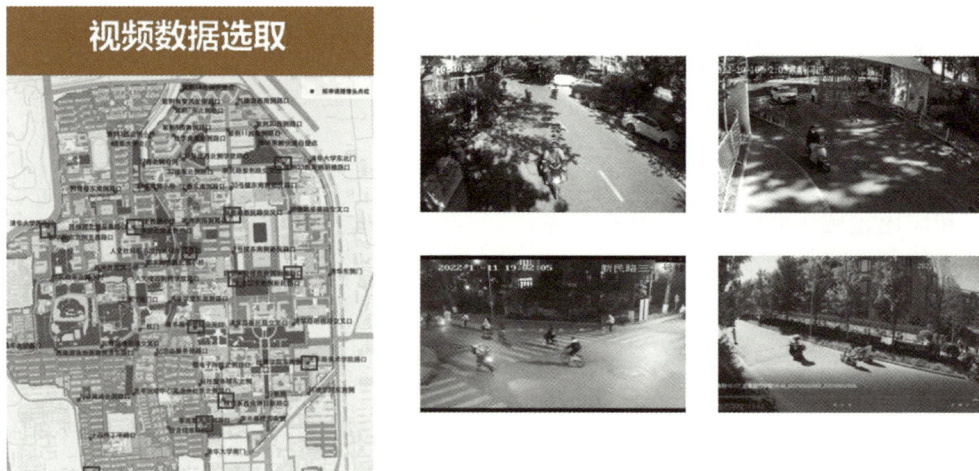

图 7-2　智慧校园外卖骑手危险行为识别

2. 项目名称：地铁站台屏蔽门防夹监测系统设计

项目成员：

萧成博 化工系　|　陈宇轩 车辆学院

项目介绍：

本项目旨在设计一套地铁站台屏蔽门防夹监测系统，以提高地铁的安全性，避免屏蔽门关闭时夹伤乘客的事故发生。

实现方法：

（1）传感器选择

项目采用了激光雷达，通过 10Hz 的扫描频率和 0.18 度的角度分辨率，实现了 270 度的二维扫描，确保快速且可靠地检测障碍物。

（2）控制系统设计

项目设计了一套检测控制器系统，利用 PLC 可编程逻辑控制器，通过经典的 0 和 1 计算方式，当雷达检测到障碍物时，系统会输出 1，同时与列车进站—离站指令联锁，确保及时发出警报。

项目采用了 MCGS 触控屏并与雷达、摄像头和 PLC 等设备链接，实时显示检测结果和报警信息。

（3）系统配置与编程

完成了系统硬件配置和软件编程，包括 PLC 的信号转换和 MCGS 程序设计，确保在 0~1 900mm 范围内能够可靠地检测 16mm 的障碍物。

系统运算设计增加了记忆功能，当检测到误判时，系统会更新分析机制的数据，以减少未来的误判概率。

（4）雷达运作

通过点云计算法，雷达系统能够在 0~1 900mm 范围内可靠地检测到 16mm 的障碍物。点云数据包括位置、方位/角度、距离、时间和强度等信息。

系统采用 PointNet 架构，对原始数据进行数据化，通过多层感知器调整权重，减少训练误差，并通过最大池化计算特征图补丁的最大值，创建如下采样特征图（图 7-3）。

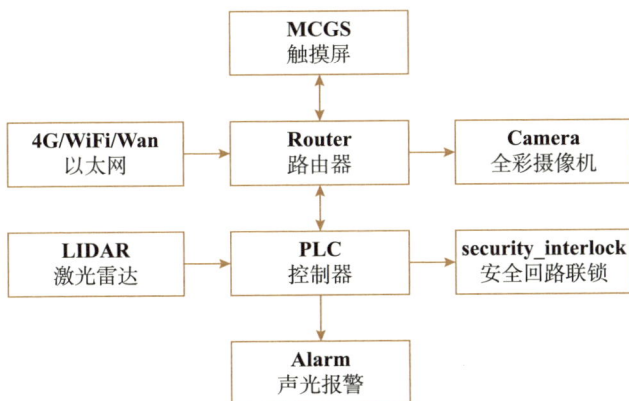

图 7-3　防夹监测系统设备与其功能的设计

系统功能：

（1）摄像头辅助功能

系统设置了 300 个预置点，当雷达检测到障碍物时，摄像头会调整到对应的角度，进行实时监控并记录视频。摄像头的实时视频同时记录在硬盘录像机 NVR 上，通过路由器传至 MCGS 触控屏进行显示。

（2）记忆功能

系统在分析雷达所输出的数据时会将数据进行记录，当工作人员将检测判定为误判时，系统将更新分析机制的数据，以减少未来的误判概率。例如，当屏蔽门缝隙中的纸张被误判为障碍物时，系统会记住该数据，以防止再次出现误判（图 7-4）。

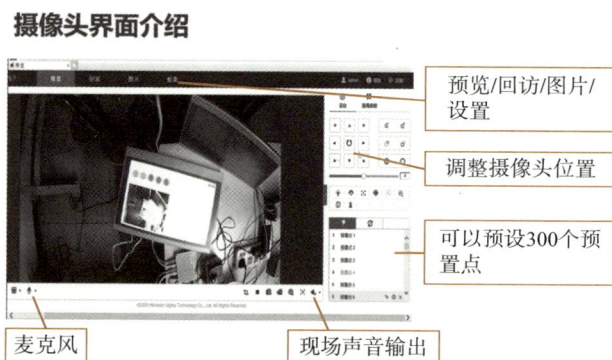

图 7-4　地铁站台屏蔽门防夹监测系统

项目成果：

（1）实用性与安全性

系统能够及时检测到障碍物，并提醒无法登车的乘客停止登车动作、退出屏蔽门，安全返回站台，从而避免事故发生。

（2）获奖情况

该项目荣获清华大学第四十届"挑战杯"二等奖和第一届清华工匠大赛二等奖。在第五届可再生能源与电力工程国际会议上获得最佳展示奖。

（3）学术成果

发表会议论文 2 篇。

3. 项目名称：清华大学大礼堂区智慧平台设计与开发

项目成员：

韦思彤　建筑学院

项目介绍:

本项目旨在创建一个微型的智慧校园区域平台,由小及大,在建设过程中发现一些问题,为智慧校园、智慧城市提供一些参考。本项目以清华大学大礼堂前的绿地空间为实际背景,运用前端开发技术,将环境模型、数据和用户交互功能整合在一起,形成一个直观、互动的数字化展示平台。

(1)建筑建模与渲染

学生团队根据大礼堂的实际空间尺寸和材质,进行精确的三维建模;使用Mars 渲染器对建筑模型进行高质量的视觉渲染,以确保虚拟环境的真实感和美观性。

(2)植物数据采集与仿真

利用激光扫描技术,学生团队收集了树木的生物量、尺寸、土壤信息等详细数据;通过点云数据处理,对树木进行精确的仿真建模,以在数字平台上重现真实的植物形态(图7-5)。

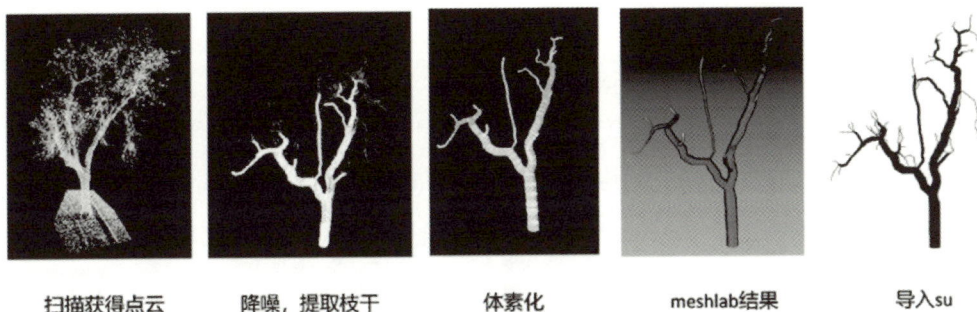

| 扫描获得点云 | 降噪,提取枝干 | 体素化 | meshlab结果 | 导入su |

图7-5 树木仿真建模过程

(3)前端开发与智慧平台构建

在获取了环境模型、树木模型及其相关信息后,学生团队运用前端开发技术,在数据、渲染模型和用户界面之间建立了一个"桥梁"。这个"桥梁"最终转化为一个可交互的智慧平台,用户可以通过它直观地探索和了解校园的绿地空间。

(4)平台功能与设计

平台设计考虑了"双碳"政策背景下植物对校园空间环境的积极影响,以及智慧城市数字化管理在校园空间的应用。针对不同的用户群体,学生团队设计了三种使用模式,包括游客模式(图7-6),以满足不同用户的需求。

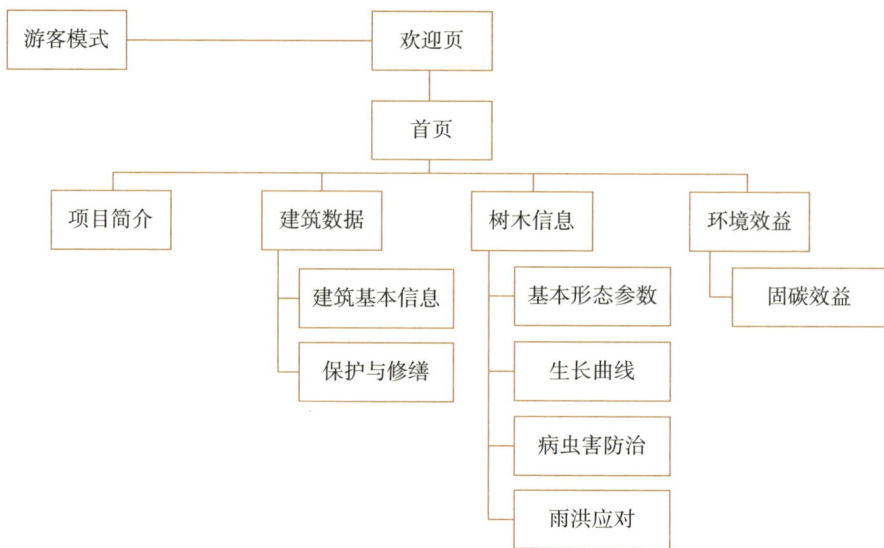

图 7-6　游客模式

（5）项目成果

该智慧平台不仅提升了校园绿地空间的数字化管理水平，还为校园社区提供了一个互动学习和探索的环境（图 7-7）。通过该项目，学生团队希望能够为校园社区提供一个更加智能、互动和环保的学习生活环境。

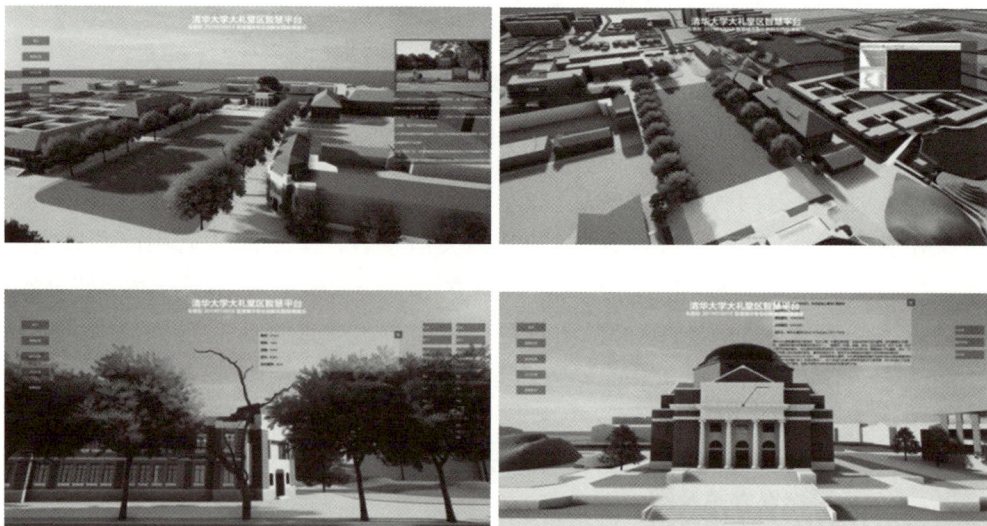

图 7-7　清华大学大礼堂区智慧平台成果

4. 项目名称：慧建·绿色能源站

项目成员：

王曦婧 建筑学院 | 杨忠东 美术学院

项目介绍：

我国建筑能耗约占总能耗的 30%，空调能耗占建筑能耗的一半以上。在国家"双碳"目标和禁煤令政策的影响下，很多地方政府为了解决老百姓的经济取暖、制冷问题，采取了很多措施，投入了大量资金，但还存在诸多问题。本项目整合清华大学多专业的研发资源，以工业化、信息化和智能化赋能传统地源热泵技术。通过 IoT 及 Agent 技术打造智能控制模块来解决能源"调资"问题，以提高系统的运行经济性和稳定性；利用供应链管理平台对产品标准化方案进行不断的优化与迭代，提高其技术初装经济性，让人员密集型产业园区、养殖场、蔬菜大棚、恒温仓储库房、高端低密度住宅、城镇化改造及城市更新等应用场景的用户实现"空调自由"（图 7-8）。

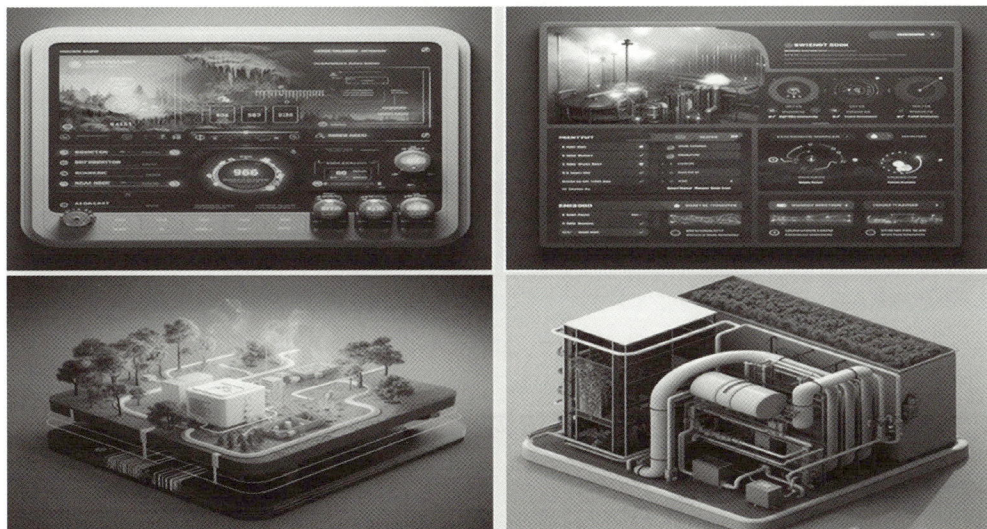

图 7-8　系统效果图

这是一种高度稳定和高效的分布式地埋管地源热泵系统，该系统以清洁的浅层地热能为主要能源来源，同时可以对冷热能进行反季节高效存储和利用，通过浅层地热能科学的开发与利用来解决民生问题，在实现企业及社会价值的同时，助力国家"双碳"目标的实现。该项目采用 IoT 及 Agent 技术集成的分布式地埋管地源热泵系统，利用先进的算法和模型，实现更加准确的温度预测和控制，并实时监测室内和室外的环境参数，以及地源热泵系统的状态和工作负载等信息，从而实现更加精准的控制，达到最优的能效和性能。该系统能根据用户的需求和习惯进行智能调节和优化，提高用户的舒适度和满意度，并节约能源（图 7-9）。

该项目自主研发软、硬件，搭建了 Agent 所需精确数据的 IoT 系统，自动数据组包发送协议、节点支持数量超过 5 000 个，并搭建了 Agent 数据采集平台。目前，该智能热泵控制系统还可以与其他智能家居设备集成，实现更加便捷和智能的控制和管理。

该项目取得了一项发明专利，正在申报 3 项发明专利，获得了 2023 年中国大学生工程创新与实践能力大赛市赛一等奖，2023 年获得清华"创 +"赛三等奖等，并入孵启迪之星。

图 7-9　绿色能源站

5. 项目名称：智慧阳台生态系统构建

项目成员：

唐淑仪　建筑学院　|　赵怡丹　建筑学院

项目介绍：

本项目通过互联网共享模式，开发设计一种基于云平台的组装式模块化智慧生态装置。其智能调控与节能策略为：基于土壤参数评估植物心情；水培调控模块通过监测土壤湿度等来调控浇水和营养液供给。同时，通过优化能源管理和修改浇水算法来降低能耗，以提高能源利用效率（图 7-10）。其特色如下。

目标人群：面对第三场所办公的年轻人，希望迎合他们追求绿色生态人居环境的心理，以及他们对空气清洁、射线屏蔽、用眼健康等要素的需求。

共享租赁：合理分配智慧阳台生态资源，分离使用权和所有权，从而提高其使用效率，降低个人使用智慧阳台生态装置的成本。

　　模块化产品：根据不同用户的需求和场景进行自由组合，其灵活性使产品适用于各种不同的环境，例如城市公共空间、商业场所、居住阳台（图 7-11）等。

　　该项目获得清华大学第四十二届"挑战杯"比赛三等奖。

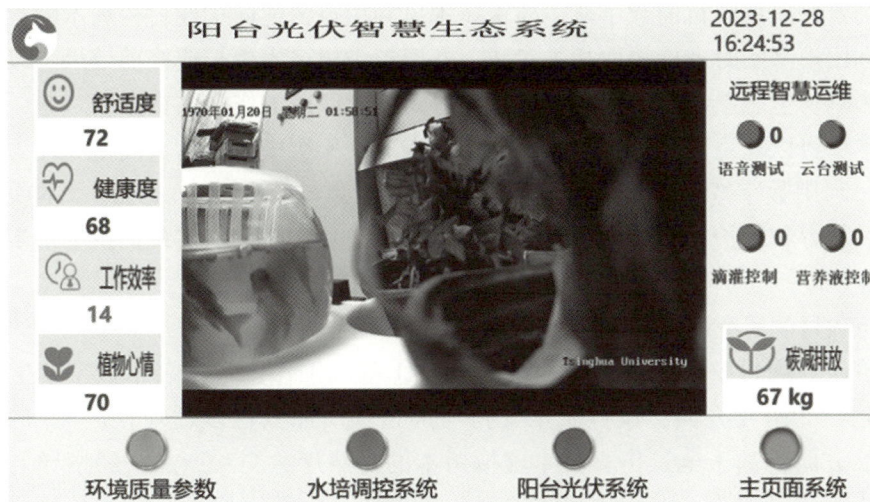

图 7-10　智慧阳台生态系统界面

光伏板供电系统组装　　　　光伏板储电示意

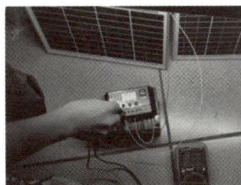

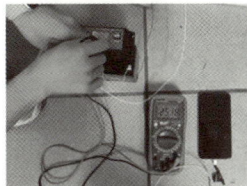

硬件组装成果　　　　储电后输出电流示意　　　　储电后进行手机充电

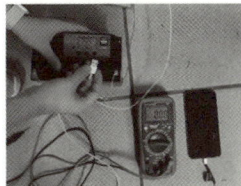

图 7-11　智慧阳台生态系统操作图示

6. 项目名称：古树名木数字孪生系统构建

项目成员：

戴诗琪　建筑学院　|　张芷悦　生命学院　|　徐晓希　美术学院

项目介绍：

数字孪生树木技术不仅能够对植物生长进行模拟，通过相应指标的定量计算辅助规划设计决策，还能够对物理实体进行数字化模型的真实映射，为城市环境中生态系统服务等评估提供基础，同时支持乡村景观规划、设计、建设、管控等各类场景的应用。目前数字孪生树木技术可利用点云逆向构建古树名木的数字模型，利用模型实时准确提取相关参数，并模拟古树名木生长或修剪效果，以及微气候影响与生态系统服务效益等，可对古树名木保护工作提供支撑。

本项目以北京国家植物园北园一棵具有 300 年历史的古树及周边场地为研究样本，利用数字孪生系统初步搭建古树名木监测与数据平台。另外，本项目将科学、教育和保护相结合，为古树名木生态保护及文化价值实现提供了初步解决方案。

该项目的研究路径如下（图 7-12）。

该研究项目整体包含三个主要方向。①基础工作：古树名木数字孪生系统的构建。②研究方向：设计决策支持与周边场所原真性及适应性的关系协调。③产品方向：基于全景仿真技术虚拟树木的自然疗愈交互产品。经指导老师建议及小组成员讨论，课程项目主要聚焦于古树名木数字孪生系统的构建，包含古树扫描构建、生长环境检测传感器原型设计、古树数字孪生平台构建三方面内容。

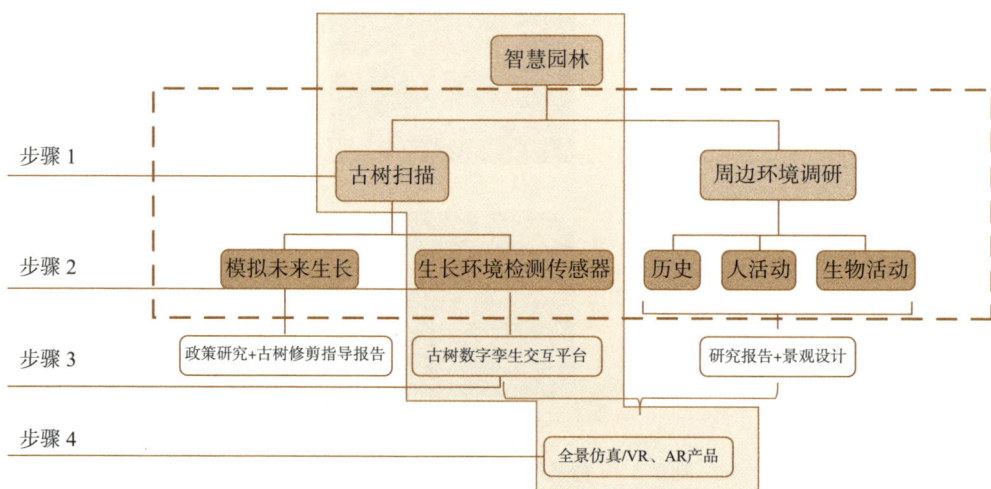

图 7-12　研究路径设想与主要工作

古树扫描模型方面，在老师与国家植物园园区的帮助下，学生通过激光扫描获取古树多时态点云模型，并在老师指导下利用景观园林专业软件进行处理。

生长环境监测传感器选型与设计方面，基于类似传感器原型，进行针对古树名木主题的功能优化与主题设计，并制作传感器原型模型。

古树数字孪生平台构建方面，基于超图平台，根据古树名木保护相关研究内容与保护需求，进行平台界面功能设计，并接入实时数据。

项目实施：

古树名木数字孪生系统的初步构建主要包括以下四个阶段性工作。

（1）国家植物园实地调研与古树信息搜集。

在老师的带领下，小组成员三次前往国家植物园北园进行实地调研，了解古树名木保护策略、古树周边历史文化遗产与生态价值、现有保护策略与实际需求。

（2）古树及周边环境激光扫描、点云模型获取与处理。

学生在调研的同时使用了激光雷达扫描，以获取秋态（带叶）与冬态（无叶）两季度古树初步点云；在此基础上，利用 Cloud Compare 对点云模型进行切割、降低密度及补充地面点等初步操作；此后，利用 CompuTree 软件对分割后的模型进行进一步处理；最终以冬态模型为基础，获得还原度较高的古树枝干点云模型（图 7-13、图 7-14）。

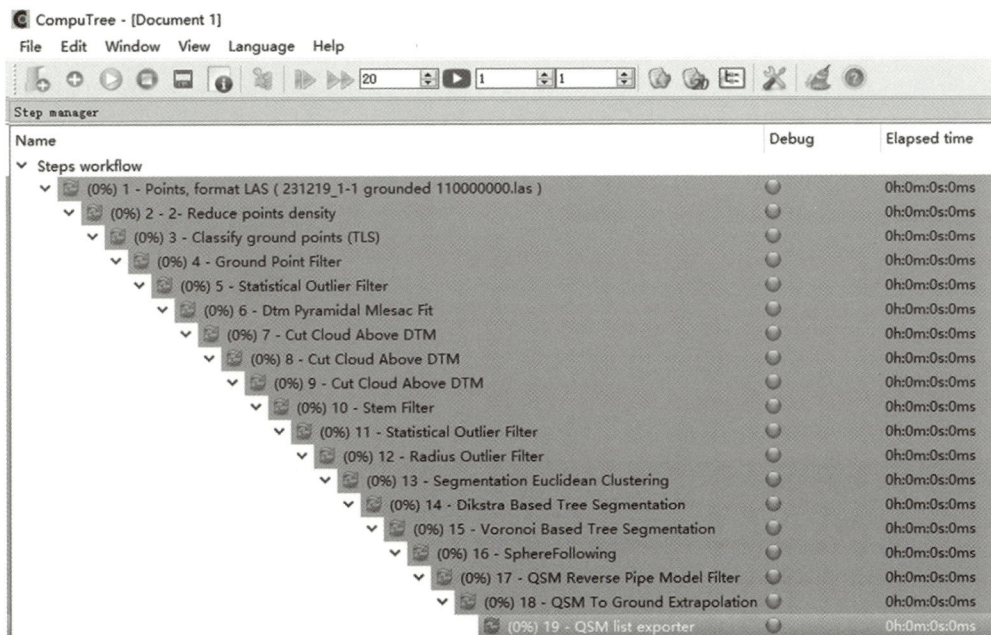

图 7-13　CompuTree 的点云模型处理

图 7-14　点云模型场景及最终处理效果

（3）古树生长环境监测传感器的选型与设计。

根据调研及文献搜集结果，学生将古树名木保护实际应用总结为"环境监测""历史文化""复健复壮""支撑加固"等四方面的需求。基于环境监测传感器原型，对光照、土壤、环境温湿度、GPS定位与倒伏监测、红外相机等功能进行重组，并针对应用场景提出传感器产品外观设计需求，生成"缝合"方案——以透明展示盒的方式使传感器兼为可放置在古树周围的艺术地灯，并加入古树脱落的树皮材料使其更加贴近自然。方案选用亚克力切割外壳，发光LED线灯、灯带、底座及传感器原型等材料制作出实际产品原型，并放置于古树场地周边（图7-15、图7-16）。

产品设计

传感器介绍

太阳辐射传感器

TSR-100总辐射传感器可实时监测太阳总辐射值、光照强度。产品具有耐腐蚀能力强，精度高等特点。

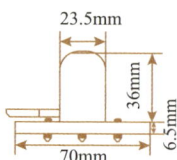

环境传感器

FST-ACG五参数传感器可实时监测空气温湿度、大气压力、二氧化碳浓度、光照度。

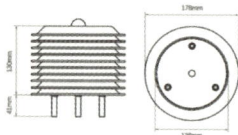

土壤传感器

SWR-100C土壤温湿度电导率 盐分传感器将土壤中的氮磷钾含量、温湿度、盐分（电导率）、pH值多个模块集成一体。

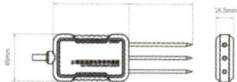

图 7-15　产品方案设计

图 7-16　产品实地效果

（4）古树数字孪生交互平台的设计与搭建。

基于应用需求，数字孪生交互平台可综合显示古树的三维点云模型及周边环境模型、古树生长的基本信息，以及传感器实时监控数据的走势分析（图 7-17 至图 7-19）。

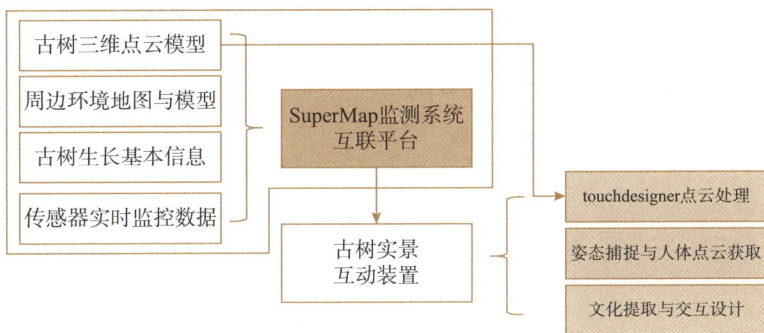

图 7-17　数字孪生交互平台功能的设计路径

在点云模型方面，平台模拟渲染了古树周边四季变迁场景，初步实现了对话交互效果（有限对话）。

图 7-18　UE 场景切换互动实现与交互效果设想

古树生长的基本信息由平台运营者定期更新，主要包括地理位置、基本尺寸、剖面年龄、空腐情况、根系分布情况等信息。

在传感器数据接入方面，采用基于 WebSocket 的物联网通信技术，并通过基础 Java 处理数据在前端平台上实现实时显示，主要涉及土壤温湿度、氮磷钾及 PH、空气温湿度等指标。

在实时监测方面，增添了基于图像分割的立木枝干自动识别系统，以对古树枝干倒伏情况与周边人员进行实时识别监测。

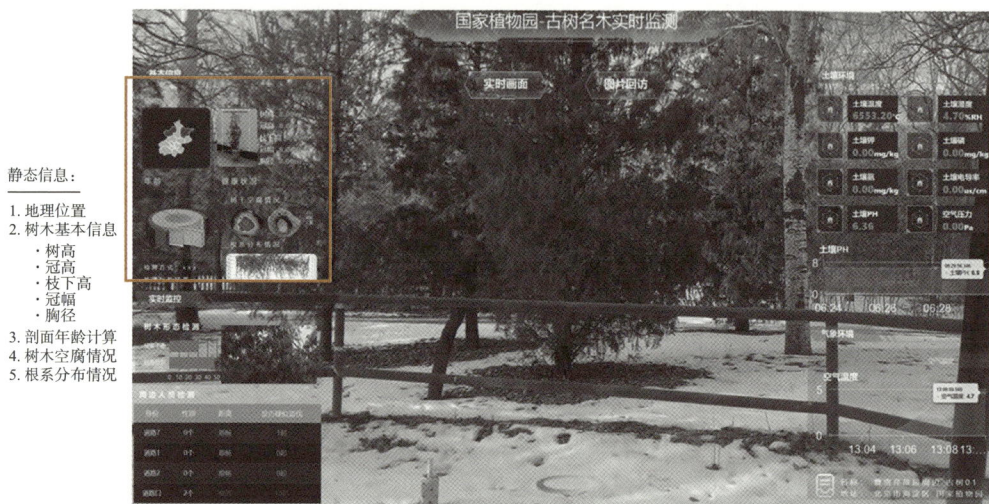

图 7-19　古树名木数字孪生系统

7.2 智慧医疗创新体验 (Smart Medical Innovation Experience)

课程名称：智慧医疗创新体验

Course：Smart Medical Innovation Experience

课程学分：2

Credits：2

教学团队：教学团队由 8 名教师组成，分别来自清华 iCenter、清华临床医学院以及北京清华长庚医院，并根据课程需求邀请医师及产业专家参与教学（图 7-20）。

Teaching Team: The team is composed of 8 professors from Tsinghua University, specifically from Tsinghua iCenter, the School of Clinical Medicine, and the Beijing

Tsinghua Changgung Hospital. Physicians and industry experts and are also invited to participate in teaching based on course requirements.

图 7-20　教学团队构成

7.2.1　课程信息（Course Information）

1. 课程简介（Course Description）

为了加强新医科建设，教学团队在 2019 年设立了"智慧医疗创新体验"课程。该课程组织跨学科医工交叉教师团队开展教学设计，主要讲解智能医学技术原理与医工交叉创新方法，探索"医学＋人工智能"等培养方向。课程特色包括：社会责任感与科技前沿相结合，用与时俱进的教学案例激发学生兴趣；智能技术结合案例进行讲解，案例具有行业前沿性和生活趣味性；建设智慧医疗实践教学平台，重视理论与实践相结合；通过课赛结合与产教融合，培养学生的综合能力，重视教育的深度和广度。课程荣誉包括：清华大学精品课、清华大学通识荣誉课、清华大学思政示范课等。

本课程面向清华大学全校各个院系本科生，以智慧医疗这一学科交叉领域为背景，带领学生走进产业、走近医生、探索人工智能技术。深入探究智慧医疗发展和工程实现，感受智能技术对人类健康的影响力，建立大健康素养，为学生呈现产业的"现实需求 → 技术创新 → 产业发展"全貌。同时，培养和锻炼学生将智能技术运用到医疗健康行业中。

首先，在科学技术方面，让学生学习运用人工智能技术解决医疗健康问题的思路；其次，在工程实践方面，让学生从产业现状中发现问题、提出问题并主动探究解决之道，培养学生的人工智能与医疗健康相结合的交叉思维方式和创新解决问题的能力；再次，在个人发展方面，帮助学生了解大健康产业前沿和发展趋势，思考复合型人才的成才之路。最后，在价值塑造方面，引导学生懂得人文关怀：关爱生命，护佑健康；引导学生树立终身受益的健康素养观：关爱自己，科学生活。

In response to the new medical education initiatives proposed by the Ministry of Education, the teaching team established the "Smart Medical Innovation Experience" course in 2019. This course is organized by an interdisciplinary team of medical and engineering educators who design the curriculum. It primarily covers the principles of smart medical technology and innovative methods at the intersection of medicine and engineering, exploring training directions such as "Medicine + Artificial Intelligence". The course features include: integrating social responsibility with cutting-edge technology, using contemporary teaching cases to spark student interest; closely combining smart technology explanations with practical applications, with cases that are both industry-leading and engaging; building a smart medical practice teaching platform, emphasizing the integration of theory and practice; and enhancing students comprehensive abilities through course competitions and integration with industry education, focusing on the depth and breadth of education. The course honors include: Tsinghua University Quality Course, Tsinghua University General Education Honorary Course, Tsinghua University Ideological and Political Demonstration Course, among others.

The "Smart Medical Innovation Experience" is open to undergraduate students from all departments of Tsinghua University. With smart healthcare as the interdisciplinary background, it leads students into the industry, closer to doctors, and explores artificial intelligence technology, delving into the development and engineering realization of smart healthcare, and understanding the impact of smart technology on human health, establishing a broad health literacy. It presents students with the full picture of the industrys "real needs → technological innovation → industry development". At the same time, it trains and hones students on how to apply smart technology in the medical and health industry, enhancing their capabilities in applying artificial intelligence.

The course first focuses on the scientific and technological aspect, learning the thought process of using artificial intelligence technology to solve medical and health problems; secondly, in terms of engineering practice, it focuses on learning to identify problems from the current state of the industry, propose questions, and actively explore solutions, cultivating an interdisciplinary way of thinking and the ability to solve problems innovatively by combining artificial intelligence with medical health; thirdly, in terms of personal development, it helps students understand the frontiers and development trends of the big health industry, and think about the path to becoming a composite talent. Finally, in terms of value shaping, it helps students understand humanistic care: caring for life, protecting health. It helps students establish a lifelong beneficial view of health literacy: caring for oneself, living scientifically.

2. 课程定位（Course Positioning）

清华大学坚持价值塑造、能力培养和知识传授"三位一体"的教育理念，构建以通识教育为基础、通识教育与专业教育相融合的本科教育体系，努力培养"高素质、高层次、多样化、创造性"的社会主义建设者和接班人。

本课程是清华大学通识荣誉课（清华通识课最高荣誉）和清华大学精品课。其面向全校各院系本科生，强调"无学科门槛，有学理深度"，强调"高定位"和"高挑战度"。课程也是本科课程证书项目智慧医疗领域的专业创新必修课，面向新医科建设，强调通识教育与专业教育融合、创新教育与工程实践教育融合。

3. 通识教育理念（General Education Philosophy）

教学理念：

1）立德树人、"三位一体"、关爱生命

本课程以"立德树人"为根本，积极践行清华大学价值塑造、能力培养、知识传授"三位一体"人才培养模式，引导学生懂得人文关怀：关爱生命，护佑健康；引导学生树立终身受益的健康素养观：关爱自己，科学生活；引导学生建立正确的"智能技术＋人文关怀"的医学伦理观。

2）培养跨学科复合型人才

本课程面向新兴的智慧医疗行业，以学科交叉特色为背景，构建跨学科教学团队，帮助学生掌握跨学科的知识结构，构建跨学科学生小组，让学生体验和练习跨学科交流与创新，深入探究人工智能与医疗场景的结合。

3）无专业门槛，有学理深度

本课程坚持"无专业门槛，有学理深度"理念，激发全校各专业、各年级学生对医疗健康的兴趣，培养学生跨学科合作与创新的能力以及批判性思维能力。

教学内容：

本课程按"医工交叉"分为如下三个层次（图7-21）。

（1）工的层次，讲授人工智能各类算法的基本原理。

（2）医的层次，讲授典型的临床场景、医疗技术场景和智慧养老场景的特点、存在的问题与分析方法。

（3）医工交叉的层次，讲授智能诊疗、智能影像识别、医疗机器人、医疗大数据等前沿技术的特点与内涵。

同时，学生小组交叉创新项目贯穿整个学期，并随着学生知识、能力的提升，不断改进项目。

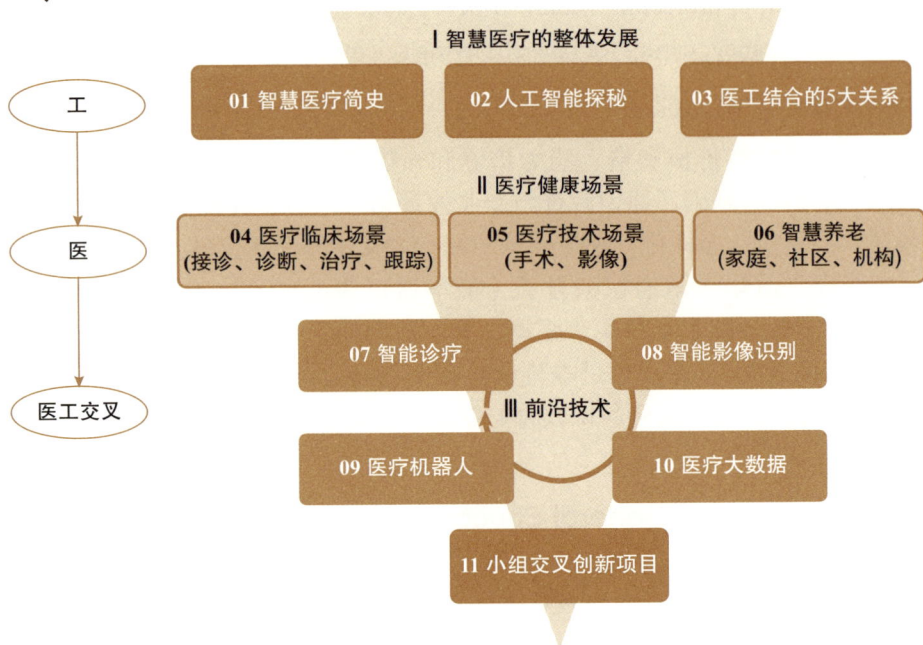

图 7-21　教学内容设计

4. 课程基本信息（Course Arrangements）

课程名称 Course Name	智慧医疗创新体验 Wisdom Medical Innovation Perception			
学分学时	学分	2	总学时	32
预期学习成效	（1）让学生掌握智能技术的基本原理，掌握智能医学的前沿技术特点与内涵，了解智慧医疗领域当前最新前沿技术，并具备主动跟踪未来发展趋势的意识及能力。 （2）培养学生具备跨学科交叉结合的思维方式，提高人工智能与医疗健康的综合思维能力，开始积累智慧医疗工程经验，树立主动应用智能技术解决行业问题的意识。 （3）锻炼学生在学科交叉领域开拓创新的能力。 （4）培养学生初步具备解决复杂问题的综合能力。 （5）培养学生"关爱生命、关爱家人、关爱自己、护佑健康"的人文与健康素养，树立"科学服务人本身"的科技伦理意识。			
课程分类	本科			
课程类型	全校性选修课			

课程名称 Course Name	智慧医疗创新体验 Wisdom Medical Innovation Perception			
学分学时	学分	2	总学时	32
课程特色	文化素质课，通识选修课			
课程类别	人工智能实践类			
授课语种	中文			
考核方式	考试□　考查☑			
教材及参考书	叶哲伟，郭征，冯世庆，等．智能医学．北京：人民卫生出版社，2020-08.			
先修要求	无			
适用院系及专业	全校各专业			
成绩评定标准	（1）课堂表现及出勤（30%） （2）小组研讨（30%） （3）小组合作报告（40%）			

7.2.2　教学设计（Teaching Design）

1. 教学目标（Teaching Objectives）

秉持学校"三位一体"教育理念，课程目标包括以下几个方面。

（1）知识层面：掌握智能技术基本原理，掌握智能医学领域的前沿技术特点与内涵。

（2）能力层面：培养学生医工交叉的创新思维方式，培养学生跨学科解决问题的能力。

（3）价值层面：树立"科技报国"价值观和正确的科技伦理观。

2. 教学大纲（Syllabus）

第几讲 Lecture Number	主要内容 Main Content	课时 Class Hour 授课 / 实践 / 课外 Teaching / Practice / Extracurricular
1	智慧医疗简史 1.介绍：智慧医疗的发展简史；为何智慧医疗在近年来能快速发展。 2.讲授：人工智能对医疗变革的重要作用和巨大推动力。	3 / 0 / 3

第几讲 Lecture Number	主要内容 Main Content	课时 Class Hour 授课 / 实践 / 课外 Teaching / Practice / Extracurricular
1	3. 讲授：为何我们要学习智慧医疗，分析"关爱生命的意识"和"科学健康素养"的重要性。 A Brief History of Smart Healthcare 1. Introduction: A brief history of the development of smart healthcare, why smart healthcare has been developing rapidly in recent years. 2. Lecture: The important role and great impetus of artificial intelligence to medical change. 3. Lecture: Why we need to learn about smart healthcare, analyze the importance of "the awareness of caring for life" and "scientific health literacy". Analyze the importance of "awareness of caring for life" and "scientific health literacy".	3 / 0 / 3
2	医工结合要处理的 5 大关系 1. 讲授：学科交叉的创新意识和跨学科的合作方法。 2. 讲授：以案例剖析的方式，讲解在开展医工交叉合作时必须面对的 5 类关系：a. 医生和工程师；b. 医生和科学家；c. 医工团队与产业界；d. 临床需求和人工智能；e. 技术与系统。 Five Relationships to be Handled in Medical-Industrial Integration 1. Lecture:Innovative consciousness of discipline intersection and interdisciplinary cooperation method. 2. Lecture:With case study, learn 5 types of relationships that must be faced when carrying out medical-industrial cross-cooperation: a. Doctors and engineers; b. Doctors and scientists; c. Medical-industrial team and industry; d. Clinical needs and artificial intelligence; e. Technology and system.	3 / 0 / 3
3	人工智能探秘 1. 讲授：人工智能的思维方式与知识体系。 2. 介绍：机器学习及深度学习的原理；经典算法的设计思路和经典应用案例。 3. 介绍：人工智能的未来方向和前沿新特征。 Artificial Intelligence Exploration 1. Lecture: the way of thinking and knowledge system of artificial intelligence. 2. Introduction: the principles of machine learning and deep learning, introduction to the design ideas of classic algorithms and classic application cases.	2 / 1 / 3

第几讲 Lecture Number	主要内容 Main Content	课时 Class Hour 授课 / 实践 / 课外 Teaching / Practice / Extracurricular
3	3. Introduction: the future direction of artificial intelligence and cutting-edge new features.	2 / 1 / 3
4	医院实地考察 由教师和医师带领学生考察医院或医学实验室，深入探究现代医院中的人工智能技术应用，引导学生从现实中发现问题并思考解决之道，探究医疗健康领域的变革和创新。学生分为三组，相互交换访问三个不同的场景——检验科、门诊、手术室。三个场景分别对应了医疗的诊断、治疗、病人管理，也对应了智慧医疗最关键数据的产生：辅助诊断、辅助治疗、健康管理。让学生在场景中切换，从自身的角度认识医疗，认识人工智能有可能应用的领域。 Hospital Trip Teachers and physicians will lead students to visit hospitals or medical laboratories to explore in-depth the AI technology in modern hospitals, guide students to discover problems and think about solutions from reality, and explore the changes and innovations in the field of healthcare. Students were divided into three groups and visited three different scenarios—laboratory, outpatient, and operating room—interchangeably. The three scenarios correspond to the diagnosis, treatment, and patient management of healthcare, as well as the generation of data, assisted diagnosis, assisted treatment, and health management, which are the most critical aspects of smart healthcare. Students are allowed to switch between the scenarios to recognize healthcare from their own perspective and the areas where AI can potentially be applied.	1 / 2 / 3
5	医疗场景驱动的医工结合研究 本课程以案例剖析的方式进行。 1. 介绍临床场景驱动、技术驱动、数据驱动三种医工结合的研究方式。 2. 设计启发式小组研讨，培养学生学科交叉的创新意识，其体内容为：A+B=C 或 B+A=C，A 为学生所在专业的典型技术，B 为调研到的典型医疗场景，C 为潜在的医工结合。 Medical scenario-driven research on medical-industrial integration This section is based on case studies:	3 / 0 / 3

第几讲 Lecture Number	主要内容 Main Content	课时 Class Hour 授课 / 实践 / 课外 Teaching / Practice / Extracurricular
5	1. Introduce the clinical scenario-driven, technology-driven, data-driven three kinds of medical-industrial integration research. 2. Design heuristic group seminars to learn the innovative sense of discipline intersection - Content: A+B=C or B+A=C, A is the typical technology of the student's specialty, B is the typical medical scenarios researched, and C is a potential medical-industrial collaboration.	3 / 0 / 3
6	医学大数据的挖掘 1. 医疗大数据简介——医疗大数据是生命科学的驱动力。 2. 从医疗大数据到健康大数据——患者觉醒加速医疗数据完整化进程。 3. 医疗大数据面临的挑战。 4. 小组研讨：医学的本质就是数据处理，引导学生思考医疗大数据与安全的关系。 Mining of medical big data 1. Introduction to medical big data—Medical big data is the driving force of life science. 2. From medical big data to health big data—Patient awakening accelerates the process of medical data integrity. 3. Challenges faced by medical big data. 4. Group seminar: the essence of medicine is data processing, guiding students to think - the relationship between medical big data and security.	3 / 0 / 3
7	诊疗决策支持 1. 介绍：核心原理——用逻辑推理来模拟医生的诊断治疗思维。 2. 讲授：三大场景——诊断决策、治疗决策和预后决策。 3. 讲授：关键技术——整合数据、医学知识库和决策支持形成。 Diagnosis and treatment decision support 1. Introduction: core principle—using logical reasoning to simulate doctors' diagnosis and treatment thinking. 2. Lecture: three major scenarios—diagnosis decision, treatment decision and prognosis decision. 3. Lecture: key technology—the integration of data, medical knowledge base and decision support formation.	3 / 0 / 3

第几讲 Lecture Number	主要内容 Main Content	课时 Class Hour 授课 / 实践 / 课外 Teaching / Practice / Extracurricular
8	医疗机器人 介绍医疗机器人使用的共性技术、发展过程，以及当今常见的医疗机器人系统，例如 Da Vinci、Robodoc、天玑等，并介绍清华团队开展的医疗机器人研究。 Medical Robots This section introduces the common technologies and development process used in medical robots, as well as the commonly seen medical robot systems today, such as Da Vinci, Robodoc, and Tianji. It also introduces the medical robot research conducted by the Tsinghua University team.	3 / 0 / 3
9	医疗影像与人工智能 1. 介绍：医学影像诊断的现状——医生缺、效率低、误诊率高。 2. 讲授：医学影像计算机辅助诊断的价值。 3. 讲授：医学影像诊断的难点——数据开放难、数据标注难、数据与知识结合难。 Medical Imaging and Artificial Intelligence 1. Introduction: the current situation of medical imaging diagnosis—lack of doctors, low efficiency, high misdiagnosis rate. 2. Lecture: the value of computer-aided diagnosis of medical imaging. 3. Lecture: the difficulties of medical imaging diagnosis—the difficulty of data openness, the difficulty of data labeling, the difficulty of data knowledge combination.	3 / 0 / 3
10	智慧养老 1. 讲授与讨论：老龄化社会是否到来？老龄化社会带来哪些问题？ 2. 讲授："关爱生命，关爱家人，关爱自己，科学生活"的案例和理念。 Intelligent Elderly 1. Lecture and discussion: Is the aging society coming? What are the problems brought by the aging society? 2. Lecture: Cases and concepts of "caring for life, caring for family, caring for oneself, and scientific life".	3 / 0 / 3
11	小组合作报告汇报与总结 1. 报告题目：基于调研中发现的某个医疗健康的实际问题（应尽量聚焦），设计解决方案，分析技术可行性，计算市场价值并设计初步的商业模式。 2. 以小组为单位，宣讲和演示报告。	2 / 0 / 2

第几讲 Lecture Number	主要内容 Main Content	课时 Class Hour 授课 / 实践 / 课外 Teaching / Practice / Extracurricular
11	3. 提问与答辩。 4. 报告评价总结和课程总结。 Reporting and Summarizing 1. Report topic: Based on a healthcare problem identified in the research (should be focused as much as possible), design a solution, analyze the technical feasibility, calculate the market value and design a preliminary business model. 2. Presentation and demonstration of the report in small groups. 3. Questions and answers. 4. Evaluation of the report and summary of the course.	2 / 0 / 2
合计 Total	教学课时：29　实践课时：3　课外课时：32 Teaching Hours: 29　Practice Hours: 3　Extracurricular Hours: 32	

3. 教学方法（Teaching Methods）

（1）本课程构建了课赛结合的"教学优化双向循环体系"，提高了学业挑战度（图 7-22）。

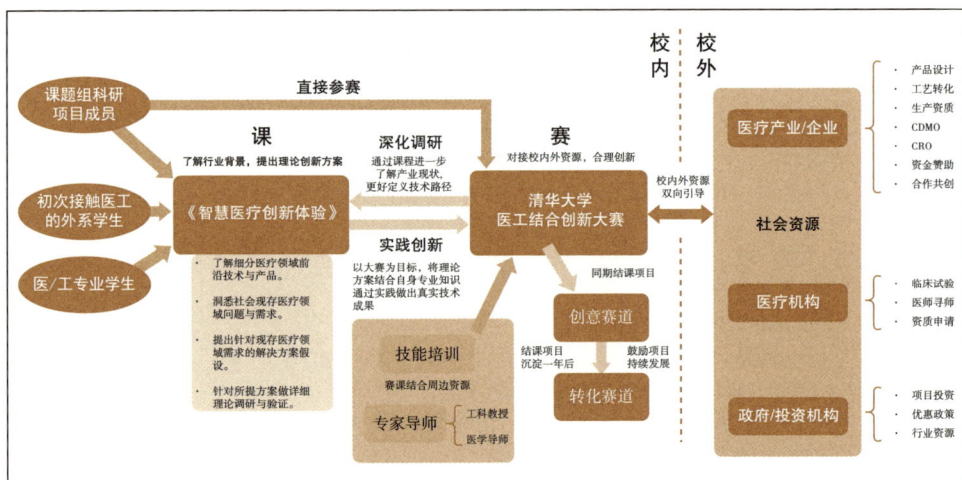

图 7-22　课赛结合的"教学优化双向循环体系"

（2）通过"屠呦呦研制青蒿素""清华张林琦研制新冠特效药"等案例分析，树立学生科技报国价值观。通过 AI 诊疗、基因编辑等辩论赛题目分析，树立学生的科技伦理观。

（3）设计学科交叉的角色代入法。研讨和实践以小组为单位开展，组员为跨院系分布，组内学生扮演多个角色：CEO（整体执行）、CTO（技术）、CMO（医疗）、CPO（产品设计）等，合作开展学习和研究。在讲解医工结合时，创建医学狗、工程狮等卡通角色，这样易于理解，趣味性强，很受学生欢迎（图7-23）。

CEO（Executive）
组建团队、寻找资源、确定方向

COO（Operation）
商业模式与战略规划

CTO（Technology）
技术设计

CMO（Medical）
医学设计

CPO（Product）
用户需求与产品设计

图7-23　小组合作的角色分工

（4）创新议题研讨与"唤醒"实践相结合。与授课主题相结合，设计创新议题并开展小组研讨，引导学生主动探究和挑战问题。对应增加"唤醒环节"，使学生通过实践掌握常用医学仪器的工作原理及使用方法，体验老人或病患的情景。唤醒环节激发了学生的学习热情，提高了课上听讲效果和学业挑战度。

节次	主题	小组研讨主题	"唤醒"实践
1	智慧医疗简史	针对我国的医护人员短缺问题，从智慧医疗的角度，设计解决方案。	学生小组内自我介绍，全班内相互代为介绍（增强互识效果）。
2	医工结合5大关系	血压计+X：围绕血压测量主题，结合智能技术，增加仪器的新功能。	血压计的故事： 教学生学会血压测量，在了解这一过程后，让学生展开联想：从水银血压计到电子血压计，到24小时动态监测血压，再到物联网血压计、柔性电子血压计…… （第三节课：从医学、工程等多角度思考血压计的发展思路）
3	人工智能探秘	提出你感兴趣的健康医疗问题，思考是否能用AI等信息技术来解决。同时确定分组和角色分工。	进行腰椎间盘突出手术AR体验，及心脏VR体验。 通过上述的模拟与观察，了解虚拟现实与增强现实两种技术，以及它们对于虚拟世界与真实世界的关系。与虚拟现实技术相比，增强现实更强调与真实世界相融合。

节次	主题	小组研讨主题	"唤醒"实践
4	典型医疗场景与智慧医疗应用	血糖测量：针对血糖测量中的问题，设计智能解决方案。	血糖仪的故事： 血糖检测体验，然后由此延伸了解：抽血测血糖，传统的指尖血糖，无痛血糖（针上做文章），无痛血糖（无侵入的体液检测），带物联网功能的血糖（集成到手机外设和 App），贴的连续血糖检测，植入式的血糖监测和胰岛素泵。解决的问题：疼痛问题，采集频率问题，信息反馈与治疗问题。
5	临床场景驱动的医工结合	X 射线的危害：针对骨折复位过程中放射线使用的问题，设计智能解决方案。	髓内钉置入实践演练：基于颈椎椎弓的骨骼和肌肉模拟实验装置，练习螺钉置入。
6	智慧养老	老年人的生活需求＋智能解决方案。	老人失能症状体验（耳聋、白内障、不便屈膝、不便弯腰捡拾物品）。介绍智能纸尿裤（盘锦学生科研作品，检测便失禁）。
7	医学大数据的挖掘	项目选题汇报。	心肺复苏术（CPR）实践演练。
8	医疗机器人	你心中的医疗机器人。	骨折夹板固定法实践演练。
9	临床决策支持系统	基于 DUCG 临床诊疗辅助系统，思考讨论：它的应用场景？优缺点？能否用于课程设计主题？未来的诊疗辅助系统是什么样子？	三角巾包扎法实践演练。
10	医疗影像与人工智能	AI 视觉的脑洞应用：讨论并设计 AI 视觉在医疗健康中的更多应用场景。	便携 B 超仪实践演练：测量腕关节的动静脉、肌肉组织等。
11	小组合作报告展示	合作报告，集体汇报。	学生回顾跨学科合作创新的心得。

4. 学习评价（Learning Assessment）

1）成绩评定要点

占比	项目	评分标准
30%	课堂表现及出勤	考查学生在学习中的思考深度、实践中的动手能力。
30%	小组研讨	考查小组合作中的沟通与分享、跨学科思考的相互激发。
40%	小组合作报告	考查选题的价值性、解决方案的深入性、医工交叉的创新性和智能技术的可行性。

2）评定方式

①采用多维度、过程性评价方法，在评价中既有教师、助教、朋辈的主观记录与评估，也有雨课堂、在线系统和智能教室的客观记录，还有行业专家的第三方反馈。综合评定方式获得学生一致认可。

②小组项目采用师生共同评议机制，让学生更多地参与课程建设。

5. 教学特色 (Teaching Characteristics)

1）"三位一体"的教育理念

（1）核心通识课教学与社会责任感和科技前沿相结合，以激发学生兴趣。

（2）通过科技人物教学案例和医工伦理辩题，树立"科技报国"价值观和科技伦理观。

2）学科交叉、与时俱进的教学用例

（1）智能技术讲解和医工结合创新案例密切结合，案例具有行业前沿性和生活趣味性，告诉学生智能技术能够改变身边的医疗健康实践。

（2）通过"医学＋人工智能"教学案例，聚焦新医科建设，为智能诊疗、智慧养老、智能影像识别等章节增加医工交叉教学内容。

3）创新挑战性的实践项目

（1）通过具有开放性和挑战性的实践项目，并紧密结合教学目标，培养学生解决复杂问题的综合能力。

（2）建设"智慧医疗实践教学平台"，通过生动有趣的医工实践，提高学生的动手能力。

（3）构建课赛结合的教学优化双向循环体系，设计产业前沿的大作业题目，提高学业挑战度，激发学生科研志趣。

7.2.3 教学案例 (Teaching Cases)

1. 项目名称：慢性糖尿病患者的用药助手（图 7-24、图 7-25）

项目成员：

张昌健 生命学院 ｜ 黄瑞宏 生命学院 ｜ 曹喻佳 精仪系

项目介绍：

本项目是一个针对慢性糖尿病患者的用药助手，旨在提供便捷、准确的胰岛素给药解决方案。

项目背景：

慢性糖尿病作为一种日益普遍的慢性疾病，对患者日常生活造成了重大影响。据国际糖尿病联盟（IDF）统计，全球成人糖尿病患者数量正在迅速增长，我国患者人数在过去十年增长了 56%。1 型糖尿病患者需每天注射胰岛素，2 型糖尿病患者在病情进展后同样需要依赖胰岛素治疗。因此，市场迫切需要一种便捷、准确的胰岛素给药解决方案，以简化患者的用药流程，提高治疗的精准性和便捷性。

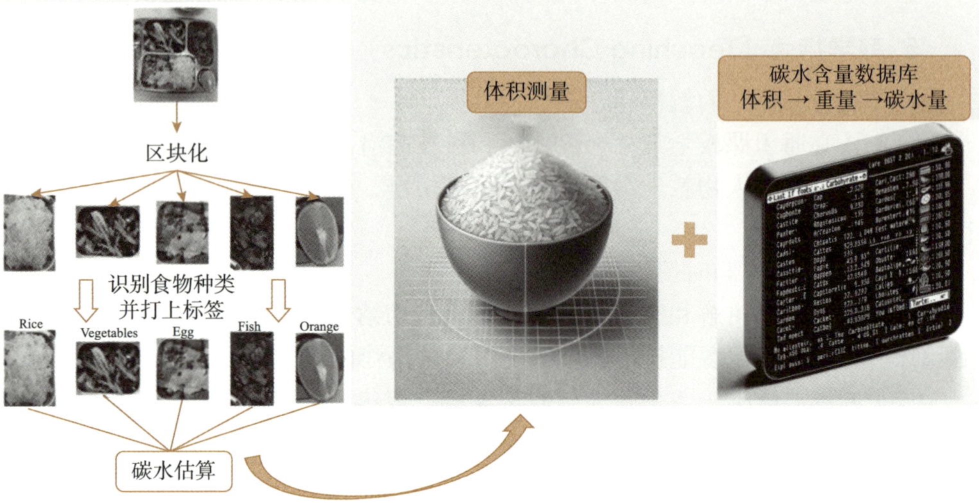

图 7-24　AI 辨识食物碳水模块

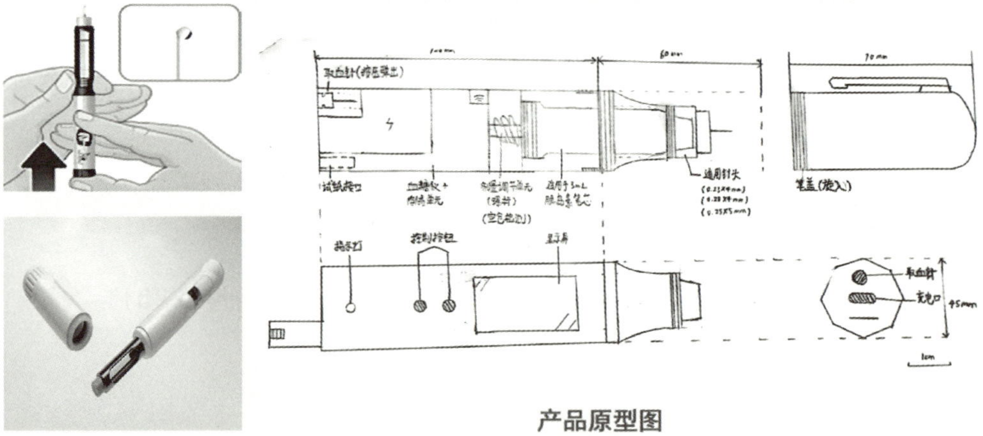

产品原型图

图 7-25　产品的注射模块

产品设计：

　　针对上述需求，项目团队设计了一款具有便携性、易操作性和用户友好性的用药助手。产品的核心组件包括便携式注射模块、微针贴片血糖采集模块，以及一个直观的用户操作流程。在功能架构上，项目采用了分层设计，包括服务层、应用层、组件层、数据层和硬件层，每一层都针对特定的功能和需求进行设计，确保了产品的全面性和高效性。此外，产品设计还包括与智能手机 App 的交互、通过 AI 技术辅助食物碳水化合物的估算和用药量的自动计算，进一步提升了用药的精确度和便捷性。

商业模式：

项目团队为本项目设计了一种创新的商业模式，旨在通过与医疗机构的紧密合作，将产品作为糖尿病治疗的一部分。产品的实际处方将由医院开具，并通过电子处方同步血糖和药量数据，确保治疗的连续性和准确性。此外，该项目考虑了免费试用和长期租赁等灵活的采购推荐模式，以增加产品的市场渗透率。为了提升患者的用药依从性，该项目还提供了定时提醒和病情变化监测的就医提醒服务。通过这些措施，该项目旨在建立一个闭环管理系统，实现患者、医疗专业人员和产品之间的有效联动，从而提高糖尿病治疗的整体效果。

2. 项目名称：智能压疮监测贴片（图 7-26）

项目成员：

顾靖坤 材料学院 | 梁葳 电子系 | 吴柯锌 自动化系

项目介绍：

智能压疮监测贴片是一款创新的可穿戴医疗设备，旨在通过实时监测患者皮下组织变化来预防和管理压疮。该产品特别适用于长期卧床的失能老人，帮助他们避免压疮带来的痛苦，同时提高照护者照顾老人的效率。

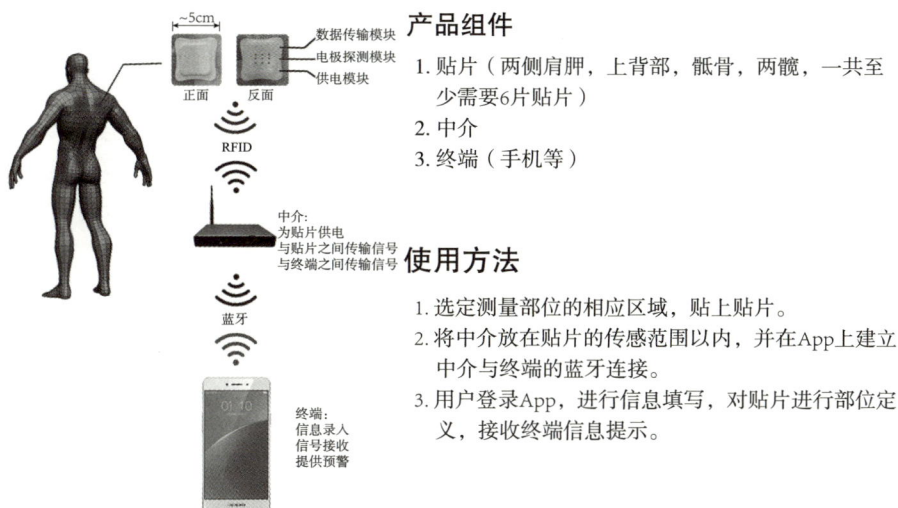

产品组件

1. 贴片（两侧肩胛，上背部，骶骨，两髋，一共至少需要6片贴片）
2. 中介
3. 终端（手机等）

使用方法

1. 选定测量部位的相应区域，贴上贴片。
2. 将中介放在贴片的传感范围以内，并在App上建立中介与终端的蓝牙连接。
3. 用户登录App，进行信息填写，对贴片进行部位定义，接收终端信息提示。

图 7-26 产品简介

项目背景:

随着我国人口老龄化的加剧,预计到 2025 年,失能、半失能老人数量将突破 7 000 万。目前,科技适老化产品需求不断增长,但市场上缺乏能够直接测量皮下受损状态、可穿戴且实时传输数据的压疮监测产品。智能压疮监测贴片的设计与研发,符合国家政策支持的范围,旨在通过科技赋能缓解护理人员的短缺问题,同时还能减轻家庭的经济负担。

产品设计:

本产品创新地融合了硬件和软件,实现了实时、多点的皮肤阻抗数据采集,通过柔性、小功耗的设计提升舒适度和使用寿命。软件部分包括一个用户友好的 App,能够与监测设备配对,实时接收并呈现数据,同时在检测到异常时会自动提示用户。此外,App 还允许用户自定义贴片部位并填写相关信息,以便于照护者及时调整卧床老人的身位,以有效预防压疮的产生。

商业模式:

智能压疮监测贴片的目标客户为有失能老人的家庭、养老院和医院。产品的核心价值在于预防压疮、降低医疗开支、减少医疗资源浪费。关键业务涵盖压疮监测产品的开发与销售、相关软件的开发,以及提供压疮护理的信息服务。该项目可以与医疗机构、养老院和生产厂商合作,通过互联网宣传、线上线下销售渠道,建立稳固的客户关系。收入主要来源于产品销售和相关服务推广,成本则包括软硬件研发和市场营销费用。

3. 项目名称:列文虎克皮肤状况诊断 App(图 7-27)

项目成员:

周佳祺 工程物理系 | 殷秋妍 生命学院 | 段承祺 计算机系

项目介绍:

列文虎克皮肤状况诊断 App 是一款具有皮肤病诊疗和护肤功能的移动应用程序,旨在帮助用户通过拍照识别皮肤病症状,提供基础的用药建议、就诊建议或护肤建议。该 App 致力于为用户提供方便快捷的功能,同时普及日常皮肤病种类、发病原因以及预防和科学护肤的知识。

产品采用前沿的图像识别和卷积神经网络技术,将皮肤病变图像转化为多通道矩阵并进行深入分析,以实现病症的自动检测和识别。通过与谷歌开源的皮肤病识别技术相结合,产品不仅依靠照片识别病症,还综合考虑用户信息以提高诊断的准确性。其功能覆盖从拍照识别皮肤病、提供用药和就诊建议,到在线咨询专业医生和皮肤类型识别推荐护肤品的全方位服务。此外,产品还包括建立用户电子病历、精准服务投放和社区交流支持,旨在为用户提供全面、便捷、个性化的皮肤病诊疗和护肤解决方案。

拿出手机
打开列文虎克   快速得到结果   倾泻苦闷
使用拍照识别   迅速知道解决方案   找到病友

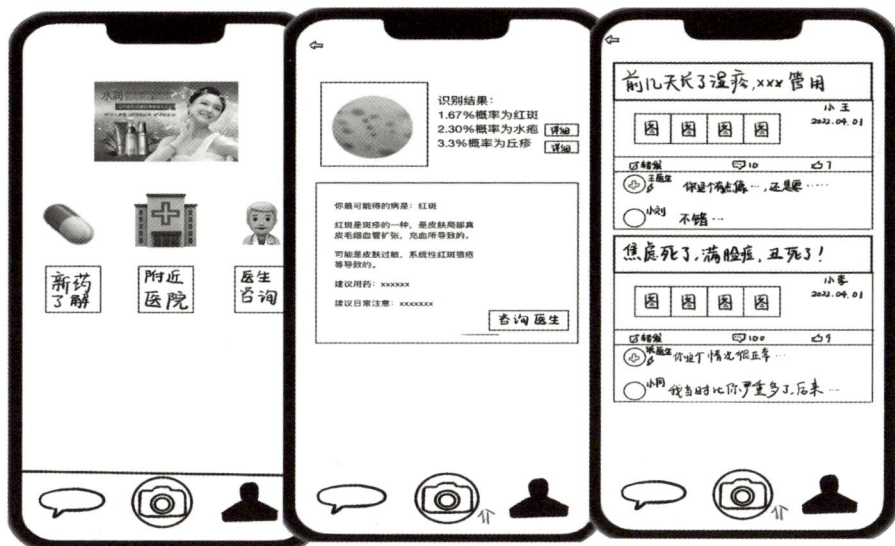

图 7-27　产品界面

盈利模式：

列文虎克皮肤状况诊断 App 面向广大皮肤病患者和有护肤需求的群体，市场规模巨大，皮肤病患者基数达 1.5 亿，化妆品市场规模达 3 678 亿。盈利模式以信息服务费为主要收入来源，包括商家和医疗机构的入驻费、广告费和预订服务费。为了保证服务的权威性，该项目将与正规医疗服务机构进行合作，尤其是公立医院。

4. 项目名称："伴伴"轮椅小卫士（图 7-28）

项目成员：

沈王也　日新书院　|　王睿　生命学院　|　孙家鹏　美术学院
鄢宇彤　生命学院

项目介绍：

"伴伴"轮椅小卫士是一款创新的智能轮椅产品，旨在为行动不便的就诊病人提供更加便捷、舒适的就医体验。该项目针对当前医院轮椅资源紧张、导诊困难、轮椅功能单一等社会痛点问题，提出了共享与自动导航相结合的智能轮椅解决方案。

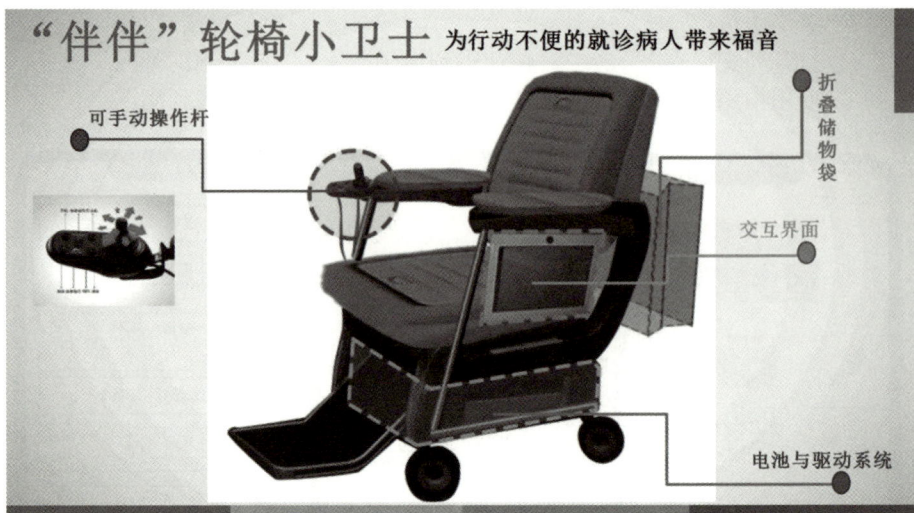

图 7-28　产品设计图

社会痛点与市场分析：

项目团队通过市场调研发现，医院中轮椅尤其是智能轮椅缺口大，且轮椅租赁手续烦琐，归还乱象丛生。此外，智能轮椅普遍存在价格不亲民、自动避障和智能导航功能不全的问题。为了解决这些痛点，"伴伴"轮椅小卫士应运而生。

产品特点：

产品采用共享模式，易于在医院环境中部署和使用。其配备包括：一个易于操作的交互界面，使用户能够快速上手；一个多功能手动操作杆，提供紧急刹车、转向、调速及鸣笛等功能；一个高效电池与驱动系统，保障轮椅的续航能力和动力需求。此外，轮椅还设计了可折叠储物袋，方便患者存放个人物品。最重要的是，它集成了先进的传感器和避障系统，能够自动感应周围障碍物并调整行驶路线，确保行驶安全。这些特点使得"伴伴"轮椅小卫士不仅提高了患者的移动便利性，而且增强了安全性和舒适性，是医院环境中的理想代步工具。

盈利模式：

本项目设计了创新的盈利模式。①租金回本：通过无押金扫码或刷卡实名认证，按小时计费，并结合信用积分调整租借费用；②广告宣传盈利：利用智能轮椅作为宣传平台，推送健康知识和相关产品广告，以吸引广告商合作。

5. 项目名称：智能养生茶饮机（图 7-29）

项目成员：

袁乐康 自动化系 丨 川田稚子 外文系 丨 陈怀玉 生命学院
黄盛骞 物理系

项目介绍：

针对亚健康问题普遍存在的现状，以及中医药保健市场的巨大潜力，该项目旨在解决传统中医药保健品"千人一方"的不足，提供个性化的养生方案。

智能养生茶饮机项目融合了中医原理，通过高清摄像头、电子鼻和计算机脉象仪等高科技设备，在线实现传统中医的望闻问切诊断流程，并综合运用八纲辨证、气血津液辨证等方法，为用户提供精准的体质辨识和个性化茶饮推荐。在产品设计上，该项目以用户友好为核心，通过智能推荐、自动配药和一键冲泡等功能，简化了养生饮品的制作过程，以满足现代人对便捷养生方式的需求。在技术分析方面，项目采用了深度学习、DUCG 推理模型、语音识别与合成等先进技术，构建了专家知识库，确保了诊断的准确性和个性化服务的高效性。此外，通过药材混合打印技术的应用，保证了药材的精确配比和顺序，进一步提升了茶饮的养生效果。

其商业模式将以药材销售为核心，将 App 和机器低价使用作为切入点，以提高转化率和用户黏性。推广模式包括场景体验和裂变。同时精选药材产地，以保证药材质量。

图 7-29 产品介绍

7.3 智慧能源技术与创新（Smart Energy Technology and Innovation）

课程名称：智慧能源技术与创新

Course：Smart Energy Technology and Innovation

课程学分：3

Credits: 3

教学团队：由 8 名教师组成，分别来自清华 iCenter、清华大学电机工程与应用电子技术系、化学工程系、环境学院等，并根据教学需求邀请产业专家参与教学（图 7-30）。

Teaching team: The team is composed of 8 faculty members from Tsinghua University, specifically from Tsinghua iCenter, the Department of Electrical Engineering, the Department of Chemical Engineering, the School of Environment, etc. Industry experts are also invited to participate in teaching based on course requirements.

图 7-30 教学团队构成

7.3.1 课程信息（Course Information）

1. 课程简介（Course Description）

本课程关注智慧能源技术领域的创新进展及创新实践，主要分为智慧能源技术创新导引、智慧能源技术创新体验及智慧能源技术创新实践三个板块。各部分主要内容包括：（1）智慧能源技术创新导引重点介绍人工智能技术在能源低碳转化、利用及新型储能技术等领域的赋能应用与前沿发展，促进学生深入理解创新思维与方法在智慧能源技术创新中的运用。该板块内容拟安排 32 学时，以课程讲授形式为主，主要包括：①智慧能源技术创新概论，包括用户侧需求管理、能源大数据、能源互联网等技术的发展前沿及创新思路（8 学时）；②智慧能源生产新技术前沿及创新思路（8 学时）；③人工智能与新型储能技术前沿及创新思路（8 学时）；④人工智能与能源回收技术前沿及创新思路（8 学时）。（2）智慧能源技术创新体验将智慧能源技术创新基础知识与工程实践相结合，通过对智能电网、智慧储能等前沿研究室及实际产业情况调研参观，把通过人工智能赋能后的新型能源技术展现在学生面前，让学生通过亲身体验得到更加直观的认识，激发创新思路。该板块内容拟安排 16 学时，以参观讲解和操作演示为主。（3）智慧能源技术创新实践通过研讨促使学生厘清创新思路，综合运用所学内容提出智慧能源技术的创新设想并进行综合实现。通过此板块，可培养学生的创新思维和工程思维，使团队协作能力、工程实践能力等得到提升。该板块内容拟安排 48 学时。

This course focuses on the innovation progress and innovation practice in the field of smart energy technology, mainly divided into three sections: the frontiers of smart energy technology innovation, smart energy technology unit practice and comprehensive practice of smart energy system, and the main course content of each section includes: First, the frontiers of intelligent energy technology innovation: focusing on the empowering applications and cutting-edge development of artificial intelligence technology in the fields of low-carbon energy conversion, utilization and new energy storage technology, and promoting students' in-depth understanding of the use of innovative thinking and methods in intelligent energy technology innovation. The content of this section is proposed to be arranged for 32 credit hours, mainly in the form of course lectures. Second, energy technology unit practice: combining the basic knowledge of intelligent energy technology innovation with engineering practice. The content of the plate is proposed to arrange 16 hours. Intelligent energy system comprehensive innovation practice: through the seminar to promote students to clarify the innovative ideas, comprehensive use of basic knowledge and practical technology, put forward the intelligent energy system innovation ideas and comprehensive realization, set up intelligent power generation, energy storage and other actual industrial situation visit and field demonstration. The content of this block is proposed to be arranged for 48 credit hours.

2. 课程定位（Course Positioning）

本课程旨在培养具备前瞻视野和创新能力的能源领域人才，以适应国家能源战略对高水平创新人才的需求，推动我国能源安全体系的构建。短期目标为构建完善的课程体系，确立核心知识点，并结合实际案例进行教学；中期目标为增强学生实践操作能力，并建立实验实训基地；长期目标是实现产学研深度融合，以促进学生创新思维和解决问题能力的提升。课程通过引入最前沿的智慧能源技术成果，采用互动式学习、项目驱动等创新教学方法，全面提升学生的知识、技能和能力。

3. 通识教育理念（General Education Philosophy）

本课程是 AI 创证书核心课，学生来自全校各个院系。由于学生的相关前置知识背景具有较大差异，这要求我们在课程设计过程中充分考虑通识性。本课程的通识教育拟体现在以下三个维度。

第一，在课程的目标和定位层面，本课程旨在通过为清华不同专业学生提供广泛的知识背景和跨学科的视角，引导学生明确可持续发展及能源安全的重要性，树立能源科技自立自强的信心，并通过将人工智能手段赋能相关技术领域，培养学生的创新思维、工程思维，锻炼学生的创新能力、工程实践能力和团队协作能力。

第二，在课程内容设置层面，关注智慧能源对社会、经济和环境的影响，聚焦智慧能源技术的关键领域，如可再生能源、能源效率、能源存储、智能电网等，并兼顾知识的深度与广度。具体知识结构以智慧能源为主题，涵盖人工智能、物理学、工程学、环境科学、经济学等多个学科或领域，通过跨学科的融合与交叉，引导学生从多个角度思考和解决问题，从而提出创新设想并完成原型机制作。

第三，在教学方法与手段层面，采用多种教学方法和手段，如技术前沿讲座、案例分析、小组研讨、实践操作等，以激发学生的学习兴趣和积极性。同时，通过学生小组创新项目的提出和实施，形成以学生解决具体问题为导向的探索实践为主、教师点评指导为辅的实践教学模式，以知识应用为导向锻炼学生自主学习、主动探究，也为学生更高年级的科学研究工作打下基础。

4. 课程基本信息（Course Arrangements）

课程名称 Course Name	智慧能源技术与创新 Smart Energy Technology and Innovation		
学分学时	学分	3	总学时	80
预期学习成效	采用开放式、案例式、能源系统设计实战式的教学方法，加强学生对知识体系的掌握。积极鼓励与引导学生自主检索前沿文献，促进学生积极接触学科前沿信息，了解科技的最近发展动态，培养学生自主创新能力。进一步结合可行性讨论及实验室实践教学，提升学生分析问题和解决问题的能力，激发其创新灵感和主观能动性，促使知识体系融会贯通，学以致用。		

课程名称 Course Name	智慧能源技术与创新 Smart Energy Technology and Innovation			
学分学时	学分	3	总学时	80
课程分类	本科			
课程类型	全校性选修课			
课程特色	通识选修课			
课程类别	人工智能实践类			
授课语种	中文			
考核方式	考试□ 考查☑			
教材及参考书	无			
先修要求	无			
适用院系及专业	全校各专业			
成绩评定标准	（1）课堂研讨 10 分 （2）单元实践 30 分 （3）开题汇报和结课展示 45 分 （4）文献 / 书目阅读分享 15 分			

7.3.2 教学设计（Teaching Design）

1. 教学目标（Teaching Objectives）

本课程是面向"双碳"目标国家战略发展的人才需求，以及不同专业学生对智慧能源技术前沿发展趋势及创新实践的兴趣而开设的一门通识性选修课，适合本科较高年级和研究生低年级学习。本课程重点介绍智慧能源技术的前沿发展，激发和培养学生的创新意识，促进学生深入理解创新思维与方法在智慧能源技术创新中的运用。进一步将智慧能源技术创新基础知识与工程实践相结合，通过对能源智能化转换及储存技术的前沿领域和创新案例的介绍和讨论，调动其参与科学研究的积极性。通过探讨人工智能对发电、储能系统与装置赋能的创新可行性，并结合实地运行参观、实际演示操作等，使学生对智慧能源技术的基础理论及创新策略有更进一步切实的认识。

2. 教学大纲（Syllabus）

第几讲 Lecture Number	主要内容 Main Content	课时 Class Hour 教学 / 实践 / 课外 Teaching / Practice / Extracurricular
1	智慧能源技术创新基础导引 1 ①课程概论；②介绍能源低碳转化、利用，新型储能技术的发展及应用瓶颈；③分组研讨与案例分享交流。 Introduction to the Basics of Smart Energy Technology Innovation Ⅰ ① Introduction to the course; ② Introduction to the development and application bottlenecks in the fields of low-carbon energy conversion, utilization, and new energy storage technologies; ③ Group seminars and case study exchanges.	5 / 0 / 3
2	智慧能源技术创新基础导引 2 ①人工智能技术在化石能源低碳转化领域的赋能应用与前沿发展；②分组研讨与案例分享交流。 Introduction to the Basics of Smart Energy Technology Innovation Ⅱ ① Artificial intelligence technology in the field of low-carbon fossil energy conversion and cutting-edge development; ② Group seminars and case sharing and exchange.	5 / 0 / 3
3	智慧能源技术创新基础导引 3 ①人工智能技术在可再生能源发电，如风电、光电、潮汐发电等领域的赋能应用与前沿发展；②模型演示实践模块；③分组研讨与案例分享交流。 Introduction to the Basics of Smart Energy Technology Innovation Ⅲ ① Artificial intelligence technology in renewable energy power generation, such as wind power, photovoltaic, tidal power and other fields of enabling applications and cutting-edge development; ② model demonstration practice module; ③ group seminars and case sharing exchanges.	4 / 1 / 3
4	智慧能源技术创新基础导引 4 ①人工智能技术在新型储能领域，如氢能、燃料电池、蓄电池等领域的赋能应用与前沿发展；②模型演示实践模块；③分组研讨与案例分享交流。 Smart Energy Technology Innovation Fundamental Introduction Ⅳ ① Artificial intelligence technology in new energy storage technology, such as hydrogen energy, fuel cells, storage batteries and other fields of enabling applications and cutting-edge development; ② model demonstration practice module; ③ group seminars and case sharing exchanges.	4 / 1 / 3

第几讲 Lecture Number	主要内容 Main Content	课时 Class Hour 教学 / 实践 / 课外 Teaching / Practice / Extracurricular
5	智慧能源技术创新体验 1 ①风能转换与存储技术；②分析风能发电数据的波动性与稳定性；③各小组展示方案、交流与讨论。 Smart Energy Technology Innovation Experience Ⅰ ① Wind energy conversion and storage technology; ② Analysis of the volatility and stability of wind power generation data; ③ Groups to present their proposals, exchanges and discussions.	2 / 3 / 3
6	智慧能源技术创新体验 2 ①太阳能高效利用技术；②探究太阳能光伏板的效率提升方法；③各小组展示方案、交流与讨论。 Smart Energy Technology Innovation Experience Ⅱ ① Efficient utilization of solar energy technology; ② Research on the efficiency improvement of solar photovoltaic panels; ③ Presentation of proposals, exchanges and discussions in each group.	3 / 3 / 3
7	智慧能源技术创新体验 3 ①能源互联网与微电网技术；②构建微电网模型，并进行能源调度仿真；③各小组展示方案、交流与讨论。 Smart Energy Technology Innovation Experience Ⅲ ① Energy Internet and microgrid technology; ② Construct microgrid model and carry out energy scheduling simulation; ③ Presentation of proposals, exchanges and discussions by each group.	3 / 3 / 3
8	实践分组及开题报告。 Practical grouping and opening report.	5 / 0 / 4
9	智慧能源技术创新实践 1 ①小组创新项目实践；②小组项目进度交流与讨论。 Smart Energy Technology Innovation Practice Ⅰ ① group innovation project practice; ② group project progress exchange and discussion.	2 / 3 / 3
10	智慧能源技术创新实践 2 ①小组创新项目实践；②小组项目进度交流与讨论。 Smart Energy Technology Innovation Practice Ⅱ ① Practice of group innovation projects; ② exchange and discussion of group project progress.	2 / 3 / 3

第几讲 Lecture Number	主要内容 Main Content	课时 Class Hour 教学 / 实践 / 课外 Teaching / Practice / Extracurricular
11	智慧能源技术创新实践 3 ①小组创新项目实践；②小组项目进度交流与讨论。 Smart Energy Technology Innovation Practice Ⅲ ① Group innovation project practice; ② Group project progress exchange and discussion.	2 / 3 / 3
12	智慧能源技术创新实践 4 ①小组创新项目实践；②小组项目进度交流与讨论。 Smart Energy Technology Innovation Practice Ⅳ ① Group innovation project practice; ② Group project progress exchange and discussion.	2 / 3 / 3
13	智慧能源技术创新实践 5 ①小组创新项目实践；②小组项目进度交流与讨论。 Smart Energy Technology Innovation Practice Ⅴ ① Group innovation project practice; ② Group project progress exchange and discussion.	2 / 3 / 3
14	智慧能源技术创新实践 6 ①小组创新项目实践；②小组项目进度交流与讨论。 Smart Energy Technology Innovation Practice Ⅵ ① Group innovation project practice; ② Group project progress exchange and discussion.	2 / 3 / 3
15	智慧能源技术创新实践 7 ①小组创新项目实践；②小组项目进度交流与讨论。 Smart Energy Technology Innovation Practice Ⅶ ① Group innovation project practice; ② group project progress exchange and discussion.	2 / 3 / 3
16	成果展示与结课汇报。 Presentation of results and final report.	5 / 0 / 4
合计 Total	教学课时：48　实践课时：32　课外课时：50 Teaching Hours: 48　Practice Hours: 32　Extracurricular Hours: 50	

3. 教学方法（Teaching Methods）

本课程结合课程总体建设目标，开展互动式和项目制创新实践教学。

首先，为了构建完善的课程体系，将组织专家团队，结合当前智慧能源领域的发展趋势，筛选出核心知识点，确保课程内容既全面又深入。同时，我们将与行业紧密合作，引入实际案例，使学生在学习过程中能更直观地理解理论知识在实际中的应用。

其次，为了增强学生的实践操作能力，将重点配套先进的实验实训基础设施，充分利用已有的智慧能源技术设备，如锂电池装配、燃料电池、风光储能一体化模拟装置等，使学生在实践中深化对理论知识的理解，提升实际操作能力。

再次，为了实现产学研深度融合，将加强与企业和研究机构的合作，通过共享资源、联合研发等方式，推动科研成果的转化和应用。同时，我们也将鼓励学生参与到这些合作项目中，培养他们的创新思维和解决问题的能力。

最后，为了提升学生的学习兴趣和参与度，将引入互动式学习、项目驱动等创新教学方法，通过小组讨论、案例分析等多样化的教学方式，激发学生的学习兴趣。同时，还将定期组织学生进行项目汇报和成果展示，让他们在实践中不断成长。

4. 学习评价（Learning Assessment）

课程拟建立多维度评价体系，具体分为五个部分（图 7-31）。

■ 成绩组成
◆ 课堂研讨：10%
◆ 开题汇报：20%
◆ 实践环节：30%
◆ 结果汇报：40%
  · 产品演示 +PPT：25%
  · 文献分享 +PPT：15%

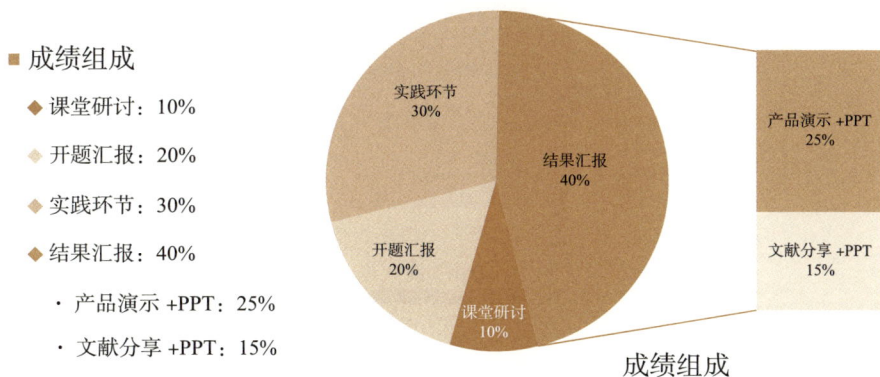

图 7-31　成绩组成

（1）课堂研讨评分（10%）。主要考查小组研讨学生的参与度与贡献度。参与度评分：最高 5%；贡献度评分：贡献一次小组讨论案例增加 2%，3 次封顶。

（2）开题汇报评分（20%）。主要考核项目背景调研、创新性、可行性、团队分工及项目计划等方面的展示，由课程团队集体点评并打分。

（3）实践环节评分（30%）。主要考查学生实践项目完成过程中分工任务的挑战度、团队贡献度、工程实践能力提升度，引导小组学生都参与到实践项目中，保证教学效果的普遍性。

（4）结课汇报评分（25%）。主要考查项目完成情况、团队配合情况及汇报交流表现，由课程团队集体评议并打分。

（5）附加分：文献/书目阅读分享（15%）。要求学生模拟研究生文献调研汇报的形式，选定主题并进行中文核心及 SCI 论文的调研和汇报。汇报不少于 15 分钟，由课程团队集体评议并打分。

5. 教学特色（Teaching Characteristics）

采用开放式、案例式、实战式的教学方法，加深学生对知识体系的掌握。积极鼓励与引导学生自主检索前沿文献，促进学生接触学科前沿信息，了解科技的最近发展形势，培养学生自主创新能力。进一步引导学生以小组为单位提出创新设想，并结合可行性讨论及实验室实践教学，提升学生分析问题和解决问题的能力，激发创新灵感和主观能动性，促使知识体系融会贯通，学以致用。以小组为单位完成创新实践项目，并在此基础上，鼓励学生进行凝练提升，申报专利、大创项目，参加国内外比赛及研讨会议等。

具体教学环节组织情况如图 7-32 所示：

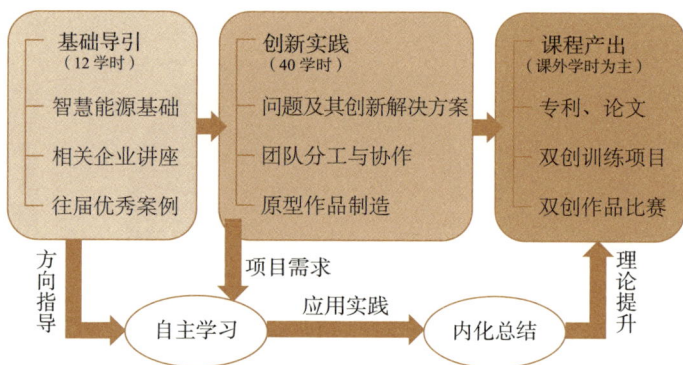

图 7-32　教学环节组织情况

同时，将人工智能技术融入智慧能源技术创新课程，提升教学效果和学生的学习体验。通过引入 AI 技术，可以为学生提供个性化的学习路径，并根据其学习进度和理解能力调整教学难度。AI 还能辅助教师进行智能分析，及时发现学生的学习难点，为精准辅导提供依据。此外，利用 AI 的模拟和预测功能开展虚拟实验，让学生在安全环境下进行模拟操作，增强实践能力。AI 的引入不仅丰富了教学手段，还能实时反馈学习效果，帮助学生更高效地掌握智慧能源技术知识，培养创新思维和解决问题的能力。

7.3.3 教学案例（Teaching Cases）

1. 项目名称：智能气瓶管理系统

项目成员：

谭力玮 电子系 ｜ 金航绪 建筑学院 ｜ 朱辰宇 建筑学院 ｜ 倪苗 探微书院
涂思琪 自动化系

项目介绍：

随着新能源汽车产业的快速发展，氢能源汽车使用逐渐成为市场关注的焦点，氢气瓶的安全管理也越发显得重要。然而，目前氢气瓶标签的信息记录仍然以手写方式为主，存在信息易丢失、难以统一管理等问题。因此，本项目旨在开发一款基于手写识别技术和微信小程序的氢气瓶信息管理系统，通过扫描录入气瓶信息，后台数据库便可便捷调取信息，提供易燃易爆危险气瓶高亮显示、近保质期预警等功能，实现对氢气瓶的安全、高效和便捷管理，为新能源汽车氢气瓶的管理提供技术支持。

项目成效：

综合应用人工智能、图像处理、信息提取、数据库、小程序技术和公网链接技术开展设计，具体包括 UI 设计、程序设计、接口连接、网络部署等，最终实现可识别手写标签并自动录入数据库的气瓶管理系统。

课程小组在老师的指导下，自主研究深度学习的相关知识，理解各种类型的神经网络如何进行学习和预测，进行手写文字 OCR 的环境搭建和模型训练。通过 OCR 系统的训练和优化，使学生深刻理解如何处理数据不平衡、如何优化模型以防止过拟合，以及如何选择合适的损失函数和优化器来提升模型性能等问题。这些实践经验不仅丰富了学生的理论知识，更使其对人工智能技术的实际应用有了更深的认识。

让学生尝试通过搭建服务器、利用 ngrok 进行公网穿透、配置路由以响应不同的 HTTP 请求等一系列操作，从而将机器学习模型嵌入到一个实际的应用中去，以解决实际问题。数据库的创建和维护也是一部分很关键的工作，通过设计数据表、编写 SQL 查询程序，学生可掌握数据库的基本操作和设计原则，理解完善的数据库设计对于整个系统性能和稳定性的影响。同时，通过编程实现数据生成，也可使学生对在实际应用中有效地使用数据库产生更深刻的理解。

图 7-33 为课程小组同学在教室里测试使用手机上的小程序，拍摄系统生成的标签及手写标签的场景。测试结果可直接显示在组内同学的电脑上，结果基本实现了最初的设想。

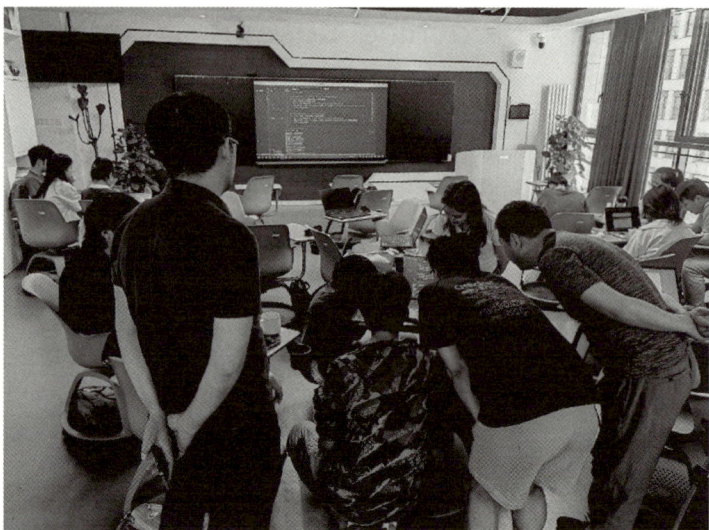

图 7-33　测试现场

2. 项目名称：基于微型自耕机的混合动力控制与建模（图 7-34）

项目成员：

陈家璇 车辆学院 ｜ 刘雨欣 材料学院 ｜ 陈一硕 新闻学院

项目介绍：

为适应蔬菜大棚的大规模发展，解决农业污染问题，本项目旨在设计一种混合动力控制系统并用于微型自耕机的混合动力装置，其具有操作方便、体积小、零排放的优点。团队分析了该装置的技术难点和解决方案；开发了氢燃料 - 锂离子电池混合动力系统仿真平台；分析了微型自耕机的 3 种工作状态；运用计算机设计软件 SolidWorks，对微型自耕机的各个零部件进行三维建模和装配。

项目成效：

本项目采用氢能源混合动力，微型自耕机的整机设计能源控制遵循：动力控制器依据第 1 电压转换器以及第 2 电压转换器输出的电压值进行功率输出调配及充放电管理。

混合动力系统的核心部件主要包括：1.8 kW 燃料电池堆、主板控制器、锂离子电池、储氢瓶。燃料电池为质子交换燃料电池，输出电压为 20~40 V，输出电流为 0~80 A，控制器为智能控制燃料电池和锂电池输出，内置锂电池充电模块、电源隔离模块、信号采集和控制模块、保护模块和通信模块等。由燃料电池和锂电池组成混合动力单元，通过电压转换器对燃料电池和锂电池进行控制，使燃料电池输出满足负载需求的功率。控制锂电池时，根据母线电压的变化转换工作模式，以输出差额功率或吸收多余功率来维持母线电压在额定电压范围内，从而实时输出满足动力需求（图 7-34）。

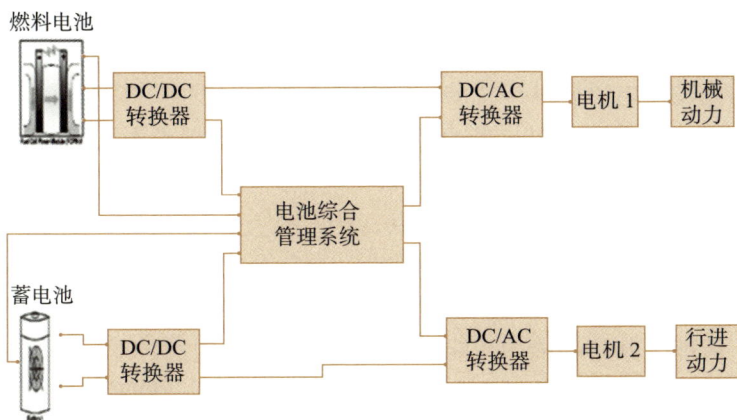

图 7-34　动力控制系统

　　动力源具有如下特性：第 1 动力源具有高能量密度，为混合动力装置的稳定动力输出源；第 2 动力源具有高功率密度，其动态响应时间优于第 1 动力源；第 2 DC/DC（直流 / 直流）转换器的输入端与第 2 动力源的输出端相连，输出端分别与动力控制器以及第 2 DC/AC（直流 / 交流）转换器的输入端相连，第 2 DC/AC 转换器的输出端与第 2 电机相连。

　　第 2 DC/DC 转换器采用双向 DC/DC 转换器，使得第 2 动力源可以在充电和放电两种模式下工作。同时，第 1 DC/DC 转换器采用双向 DC/DC 转换器，以解决第 1 动力源无法自行启动的问题。当农机作业遇到突发阻碍工况时，由于第 1 动力源的功率输出调整存在滞后时间，在该滞后时间内，负载端功率需求增加，但第 1 动力源的输出功率尚未调整到位，通过动力控制器控制第 2 动力源进行及时响应，以补偿突发阻碍工况所需功率。

　　本项目通过采用混合动力系统，实现了高能量密度和高功率密度的优势互补，可以提高农业机械动力系统容量，提高农业机械续航能力。本项目还设计了氢燃料——锂电池混合动力系统、电池综合管理系统，且在硬件上完成了组装及测试，取得了较好的实践教学效果。

3. 项目名称：基于脉冲驱动的智能路灯光控系统设计与优化研究

项目成员：

黄嘉玮 电机系 ｜ 王腾 探微书院

项目介绍：

　　本项目致力于开发基于脉冲驱动的智能路灯光控系统，旨在实现高效、节能、智能化的照明解决方案。研究聚焦于以下三大核心技术。

（1）高抗电磁脉冲（EMP）柔性电缆技术：创新性地制备了可调节脉宽的高抗 EMP 柔性电缆，实现 LED 的间歇发光，降低了温升，延长了寿命。同时，采用热敏电阻 NTC 进行二次热保护，可有效防止雷击和浪涌损伤。

（2）防高功率电磁脉冲干扰的防护电路：特别研发的"闪频"技术，通过主动扩频消除眩光，确定最佳同步点，解决高清摄像机曝光不均和图像拖尾问题，以保障路面交通和驾驶员视线不受干扰。

（3）智慧站点生态互联：基于"点、杆、网"的设计理念，构建外场数字化站点，实现算力、联接、感知的全面整合，打造开放、智能的网络体系。

本项目还配合能源系统建设发展目标，分析智慧城市案例，提出具有全面感知、互联、智能、共享功能的智能路灯系统方案。通过脉冲驱动技术，实现能源供需的协同优化，探讨智慧城市电力系统中资源的激活及能源互联网对未来生活方式的影响。

项目核心的技术在于自主研发的脉冲 LED 技术，以低于传统路灯十分之一的电量达到相同光照强度，并采用低功率驱动，可显著提高使用寿命。在相同光照强度下，与传统高功率路灯相比，具有更高的均衡度和性能，可实现绿色、高效、节能目标。

项目成效：

（1）脉冲技术优化：自主研制的高频驱动电路，可解决电流响应问题，并通过大量测试建立完整的脉冲调制数据库，优化频率和占空比。

（2）智慧灯杆集成：集成多种传感器和硬件，实现智慧照明、视频监控、环境监测、城市管理、无线通信、信息交互、应急求助等功能，以构建物联网数据采集分析平台。

（3）低空飞行器监测：作为通感一体化技术载体，利用 5G-A 立体感知网络和大数据技术，可实现低空飞行器的精准追踪和管制。

（4）AIoT 技术应用：搭载 AIoT 技术，可自动调节亮度，实现智慧照明、安全防范、信息反馈等功能。

（5）无人机无线充电：作为机载中继系统，为无人机提供无线充电，其有效传输功率为 500W，能源使用率为 92.87%。

（6）智能运维管理：开发智能运维管理平台，实现路灯网络的云互联网布局和数据实时传输。

（7）EMC 管理模式：通过合同能源管理模式，与政府共享节能收益，实现成本和利润回收，并降低运行成本，促进共赢和发展。

本项目的核心竞争力在于自主研发的脉冲 LED 技术，通过传感器收集的环境光源、车潮、人潮数据，实时调整亮度，实现节能减排。通过 EMC 管理模式，使政府在原有投入基础上享有大量节能收益。

7.4 智能交通创新实践（Practice of Intelligent Transportation Innovation）

课程名称：智能交通创新实践
Course：Practice of Intelligent Transportation Innovation
课程学分：3
Credits: 3
教学团队：由 10 名教师组成，分别来自清华 iCenter、清华大学车辆与运载学院、土木水利学院、美术学院、自动化系、工业工程系，并根据教学需求邀请产业专家参与教学（图 7-35）。
Teaching team: The team comprises 10 faculty members from Tsinghua University, specifically from Tsinghua iCenter, the School of Vehicle and Mobility, the School of Civil Engineering, the Academy of Arts & Design, the Department of Automation and the Department of Industrial Engineering. Industry experts are also invited to participate in teaching based on course requirements.

图 7-35　教学团队构成

7.4.1　课程信息（Course Information）

1. 课程简介（Course Description）

本课程作为人工智能创新创业能力提升证书项目的核心课程之一，将创造一个在合作环境下探索研究的学习环境。本课程面向未来交通创新技术或产品，通过师生协同实践的方式完成诸如大数据 AI 分析方法、车辆和飞行器无人驾驶技术、先进交通管理和基础设施规划技术、未来交通商业运营模式等开发或设计项目。本课程注重在实践中衔接和运用跨领域跨学科的理论知识和专业技能，并结合社会需求和科技发展趋势，探索智能交通领域的未来技术和创新创业方向，着重培养学生跨学科交叉合作的能力，以及创新实践的能力。

As one of the core courses of the AI Innovation and Entrepreneurship Capability Certificate program, this course aims to create a collaborative learning environment for exploring research in the field. This course focuses on future transportation innovation technologies or products, facilitating projects such as big data AI analysis methods, unmanned driving technologies for vehicles and aircraft, advanced traffic management, infrastructure planning technologies, and future transportation operational models through collaborative practices between teachers and students. Emphasis is placed on integrating and applying interdisciplinary theoretical knowledge and professional skills in practice, while considering societal needs and trends in technological development, thus exploring the future technological and entrepreneurial directions in the field of intelligent transportation. The course particularly emphasizes fostering students' abilities in interdisciplinary collaboration and innovation practices.

2. 课程定位（Course Positioning）

本课程是面向全校本科生开设的通识课程，也是 AI 创证书项目的核心课程，系该证书项目在智能交通方向上的实践支柱课程。

本课程从智能交通技术、创新交通模式、物流创新和立体交通系统等核心内容出发，通过教师指导、师生协同，让学生了解数据分析、无人驾驶、交通管理、智能网联交互等前沿科技，并注重对未来交通设计以及商业运营模式等的开发和实践。通过课程的学习，培养学生的技术洞察力、创新能力、项目管理能力以及一定的行业前瞻性。

本课程将通过项目实践、案例分析、实验室工作和行业专家讲座等多种教学活动，确保学生能够将理论知识与实践技能相结合，为未来的职业生涯做好储备。

3. 通识教育理念（General Education Philosophy）

课程设计符合"三位一体"教学理念。①价值塑造：课程第一阶段注重对智能交通前沿领域以及人工智能的应用研究方向进行深入讨论，以提升学生对前沿创新领域关键核心问题的理解，从而提升学生的学习兴趣。同时，通过开题报告形式使得学生对创新项目前景进行深入分析与调研，增强学生对课程项目的信心。②能力培养：针对每个项目中不同学生扮演的研究角色，提供一对一的老师或助教培训，全面提高学生的实践动手能力，以将创新想法进行落地。同时为学生提供和一线工程师交流的机会，使得学生在能力学习方面更有目的性。③知识传授：在实践的过程中，利用技术报告的形式促使学生从创新项目中提炼关键科学／技术问题，并对问题进行深入调研，通过和老师或助教针对关键问题的研讨，实现面向特定项目的基础知识学习。

4. 课程基本信息（Course Arrangements）

课程名称 Course Name	智能交通创新实践 Practice of Intelligent Transportation Innovation			
学分学时	学分	3	总学时	64
预期学习成效	本课程由清华大学智能交通领域多个相关院系共同建设，面向相关竞赛，引导学生熟练掌握创新思维的思考方法和流程，使其具备从交通领域不同视角（出行者、管理者、服务者、开发者）考虑和设计智能交通产品和服务的能力。			
课程分类	本科			
课程类型	全校性选修课			
课程特色	通识选修课			
课程类别	人工智能实践类			
授课语种	中文			
考核方式	考试□ 考查☑			
教材及参考书	无			
先修要求	无			
适用院系及专业	车辆、土木、自动化、电子、计算机、工业工程、数学、经管、美术等			
成绩评定标准	（1）平时成绩 15 分 （2）开题报告 10 分（团队分数） （3）中期报告 10 分（团队分数） （4）技术报告 10 分（团队分数） （5）终期报告 55 分（一半为团队分数，一半为个人分数）			

7.4.2 教学设计（Teaching Design）

1. 教学目标（Teaching Objectives）

本课程以学生为中心，探索符合高等学校跨专业创新教育的规律。本课程鼓励学生开展调研活动，让学生深入了解技术产业的最新趋势，掌握核心技术的开发流程；强化学生的团队建设能力，促进跨专业合作；引导学生形成具有创新性和可行性的解决方案，旨在培养具有创新精神和自我挑战意识的一流人才。

2. 教学大纲（Syllabus）

第几讲 Lecture Number	主要内容 Main Content	课时 Class Hour 教学 / 实践 / 课外 Teaching / Practice / Extracurricular
1	背景介绍一 1.1 课程基本信息 1.2 交通运载发展趋势 1.3 共享出行现状与趋势分析 1.4 低空交通现状与趋势分析 1.5 预设课题介绍 Background Introduction Ⅰ 1.1 Basic information of the course 1.2 Trends in transportation delivery 1.3 Analysis of the current situation and trends in shared mobility 1.4 Analysis of the current situation and trends in low-altitude transportation 1.5 Preset topics Introduction	3 / 1 / 1
2	背景介绍二 2.1 AI 大数据与交通系统优化（技术框架与案例分析）主题讲授 2.2 无人驾驶专题分析与技术架构主题讲授 2.3 预设课题介绍 Background Introduction Ⅱ 2.1 AI Big Data and Transportation System Optimization (Technical Framework and Case Study) 2.2 Driverless Topic Analysis and Technical Architecture 2.3 Preset topics Introduction	3 / 1 / 1
3	问题探索一 3.1 设计思维与创造力凝聚主题讲授 3.2 小组讨论以及课题确认 3.3 小组 2 分钟预开题报告 Problem Exploration Ⅰ 3.1 Design Thinking and Creativity Cohesion 3.2 Group Discussion and project Confirmation 3.3 Pre-opening Topic Presentation	2 / 2 / 1
4	问题探索二 4.1 各组正式开题报告 4.2 讨论或研究	0 / 4 / 1

第几讲 Lecture Number	主要内容 Main Content	课时 Class Hour 教学 / 实践 / 课外 Teaching / Practice / Extracurricular
4	4.3　各组进度汇报 Problem Exploration Ⅱ 4.1　Formal opening report per group 4.2　Discussion or research 4.3　Progress report	0 / 4 / 1
5	研究开展一 5.1　技术分享 5.2　技术专题讲授 5.3　讨论或研究 5.4　各组进度汇报 Research Development Ⅰ 5.1　Technology sharing 5.2　Technical topic lecture 5.3　Discussion or research 5.4　Progress report	1 / 3 / 1
6	研究开展二 6.1　技术分享 6.2　技术专题讲授 6.3　讨论或研究 6.4　各组进度汇报 Research Development Ⅱ 6.1　Technology sharing 6.2　Technical topic lecture 6.3　Discussion or research 6.4　Progress report	1 / 3 / 1
7	研究开展三 7.1　技术分享 7.2　技术专题讲授 7.3　讨论或研究 7.4　各组进度汇报 Research Development Ⅲ 7.1　Technology sharing 7.2　Technical topic lecture 7.3　Discussion or research 7.4　Progress report	1 / 3 / 1
8	研究开展四 8.1　技术分享 8.2　技术专题讲授	1 / 3 / 1

第几讲 Lecture Number	主要内容 Main Content	课时 Class Hour 教学 / 实践 / 课外 Teaching / Practice / Extracurricular
8	8.3　讨论或研究 8.4　各组进度汇报 Research Development Ⅳ 8.1　Technology sharing 8.2　Technical topic lecture 8.3　Discussion or research 8.4　Progress report	1 / 3 / 1
9	研究开展五 9.1　技术分享 9.2　技术专题讲授 9.3　讨论或研究 9.4　各组进度汇报 Research Development Ⅴ 9.1　Technology sharing 9.2　Technical topic lecture 9.3　Discussion or research 9.4　Progress report	1 / 3 / 1
10	研究开展六 10.1　技术分享 10.2　技术专题讲授 10.3　讨论或研究 10.4　各组进度汇报 Research Development Ⅵ 10.1　Technology sharing 10.2　Technical topic lecture 10.3　Discussion or research 10.4　Progress report	0 / 4 / 1
11	研究开展七 11.1　技术分享 11.2　技术专题讲授 11.3　讨论或研究 11.4　各组进度汇报 Research Development Ⅶ 11.1　Technology sharing 11.2　Technical topic lecture 11.3　Discussion or research 11.4　Progress report	1 / 3 / 1

第几讲 Lecture Number	主要内容 Main Content	课时 Class Hour 教学 / 实践 / 课外 Teaching / Practice / Extracurricular
12	研究开展八 12.1 技术分享 12.2 技术专题讲授 12.3 讨论或研究 12.4 各组进度汇报 Research Development Ⅷ 12.1 Technology sharing 12.2 Technical topic lecture 12.3 Discussion or research 12.4 Progress report	1 / 3 / 1
13	研究开展九 13.1 技术分享 13.2 技术专题讲授 13.3 讨论或研究 13.4 各组进度汇报 Research Development Ⅸ 13.1 Technology sharing 13.2 Technical topic lecture 13.3 Discussion or research 13.4 Progress report	1 / 3 / 1
14	研究开展十 14.1 技术分享 14.2 技术专题讲授 14.3 讨论或研究 14.4 各组进度汇报 第 14 周项目基本完成 Research Development Ⅹ 14.1 Technology sharing 14.2 Technical topic lecture 14.3 Discussion or research 14.4 Progress report Project substantial completion starting from week 14	1 / 3 / 1
15	研究开展十一 15.1 技术分享 15.2 技术专题讲授 15.3 讨论或研究 15.4 各组进度汇报	1 / 3 / 1

第几讲 Lecture Number	主要内容 Main Content	课时 Class Hour 教学 / 实践 / 课外 Teaching / Practice / Extracurricular
15	Research Development XI 15.1　Technology sharing 15.2　Technical topic lecture 15.3　Discussion or research 15.4　Progress report	1 / 3 / 1
16	结题报告 16.1　各组正式结题报告（PPT 汇报） 16.2　海报展示 16.3　师生点评与打分 Final Report 16.1　Final report presentation of each group 16.2　Poster presentation 16.3　Teacher and classmates' comments and scores	0 / 4 / 1
合计 Total	教学课时：18　实践课时：46　课外课时：16 Teaching Hours: 18　Practice Hours: 46　Extracurricular Hours: 16	

3. 教学方法（Teaching Methods）

本课程面向未来交通创新技术、产品或模式，通过师生协同实践的方式完成诸如大数据 AI 分析方法、车辆和飞行器无人驾驶技术、先进交通管理和基础设施规划技术、未来交通商业运营模式等开发或设计项目，注重在实践中衔接和运用跨领域跨学科的理论知识和专业技能，结合社会需求和科技发展趋势，探索智能交通领域的未来技术和创新创业方向。

课程主要包括三个阶段：提炼问题阶段；探索研究阶段；讨论交流阶段。提炼问题阶段将在前四周完成，探索研究阶段和讨论交流阶段交织进行。

（1）在提炼问题阶段将主要由老师对前瞻的智能交通与智能车辆等领域创新研究方向进行介绍（共 10 学时）。

（2）在探索研究阶段将由老师协助学生对感兴趣的研究方向进行深入调研和挖掘，并选定一个创新项目，完成技术研发或内容设计。学生可以个人或团队的形式进行研究，团队总人数 3 到 4 人，每个研究项目配备 1~2 名专业指导老师，并全程参与项目（共 46 学时）。

（3）在讨论交流阶段将由学生团队定期进行课程各研究项目分享，以实现跨领域跨学科不同想法的碰撞（共 8 学时）。

此外，课程将提供基础的技术能力训练教程，助力学生进行创新设计。

4. 学习评价 (Learning Assessment)

学习评价：本课程实践项目主要是以团队形式展开，因此，部分成绩打分按照团队进行。成绩评定主要包含五部分：第一部分为平时课堂表现（包括出勤），占比 15%；第二部分为开题报告（团队分数），占比 10%；第三部分为中期报告（团队分数），占比 10%；第四部分为技术报告（团队分数），占比 10%；第五部分为终期报告，一半为团队分数，一半为个人分数，总占比 55%。

评价反馈：本课程通过开课前背景调研来充分了解学生的知识基础，尤其是学生对 AI 知识的掌握，从而调整面向学生设定的技术培训环节；课程在进行过程中设置了评教反馈。

教学成效：通过跨专业的团队协作，可以实现不同专业学生的深度交流，从而孵化出面向学科交叉的创新项目。同时，一个团队内部面向不同技术方向的学生，可以学习团队其他成员的技能。

5. 教学特色 (Teaching Characteristics)

课程采取跨专业学生组队形式进行智能交通实践创新，并根据不同技术方向进行人员分工，如不同的人工智能方法。团队内部主要围绕整体方案进行横向交流。同时，设立纵向技术小班研讨，为不同小组相同技术方向的学生提供人工智能方法相关培训。

课程深度连接学校各种科创项目，如"挑战杯"等。同时，以课程的项目作为孵化与牵引，为申请科创项目奠定基础。另外，由于项目可以作为科创项目的引申，这会大幅度提升学生的学习热情。

本课程结合人工智能与智能交通，在课程设计实践的基础上，以智能交通问题为导向，以应用人工智能方法为核心，如用人工智能大数据方法进行交通系统运作设计，以及基于人工智能的无人驾驶方案设计。

充分利用大语言模型帮助学生进行基础知识调研，帮助学生规划创新实践的方向。同时，大量利用大语言模型帮助学生完成创新实践项目的编程工作任务。

7.4.3 教学案例 (Teaching Cases)

1. 项目名称：机场接驳 eVTOL 出行规划与效益分析

项目成员：

李子昂 车辆学院 | 杨熠涵 车辆学院 | 李嘉奇 车辆学院
程思娴 美术学院

项目介绍：

2023 年中国机动车已达 4.35 亿辆，交通不堪重负。由于城市空间资源的局限性、交通需求的可变性等因素，传统方案无法从根本上解决交通拥堵问题。城市空中交通（Urban Air Mobility, UAM）的概念最早由 Uber 提出，这一创新的交通方式有望极大提高出行效率、有效解决城市交通拥堵和环境污染问题。机场接驳（Airport Shuttle）将作为主要的城市空中交通形式之一而迅速发展，并且使用电动垂直起降飞行器（eVTOL）作为主要的运载工具。eVTOL 与地面交通工具相比具有更广泛的应用前景，将在未来人员和货物运输模式中产生深远影响。本项目聚焦机场接驳场景，评估 eVTOL 相对其他公共交通工具的竞争优势，为低空经济的发展提供参考。

本项目基于点、线、面三个层次考虑。首先从点的层面考虑，eVTOL 极度依赖地面站点，因此需要考虑在何处建设站点；其次从线的层面考虑，eVTOL 需要在城市中穿行，因此需要考虑 eVTOL 的实际可行飞行路径；最后从面的层面考虑，需要预测机场接驳 eVTOL 的覆盖范围、载客数量，进而分析经济效益和参数敏感性。

对于站点选取，本项目以上海市出行需求数据为基础，挑选出 13 个需求集中处作为站点候选地，最终经过枚举和迭代，选出其中收入或利润最高的选站组合，每个组合的站点数量初步假定为 3 个。

对于航路规划，本项目创新性提出，在考虑以建筑物密度为安全指标的前提下，将网格建筑物密度作为权值对网格间里程进行加权，利用算法计算出各个 eVTOL 站点与机场之间的最优加权路径与里程。

对于效益分析，本项目引入了时间成本和资金成本的效用函数，并通过多项式对数模型（MNL）比较 eVTOL 与出租车、公交和地铁的竞争力，进而结合出行数据预估 eVTOL 的流量与效益，最终解决机场接驳 eVTOL 的站点选取、出行效益和航路规划 3 个问题。

在完成上述研究后，在选择站点数量 n= 3 时，选择出的站点组合为：

初步选站方案（考虑收入）：徐家汇＋张江高科技园＋天目西路街道，每日总收入可达 2 011.47 万元；

优化选站方案（考虑利润）：嘉定镇街道＋奉浦社区＋岳阳街道，每日总利润可达 285.69 万元，总收入 645.77 万元，总成本 360.08 万元，载具数 433 架次。

2. 项目名称：飞行汽车旅游观光项目

项目成员：

陈耀星 美术学院 ｜ 黄鉦皓 电子系 ｜ 杨东辉 行健书院 ｜ 展然 行健书院

项目介绍：

在后疫情时代，旅游业逐步重启，出行需求量迅速上升，尤其在节假日旅游高峰时段，各旅游城市人流量急剧增大。这种集中旅游模式导致短时间内热门旅游城市客流量迅速升高，给城市内交通系统带来了压力，同时频繁的交通拥堵和交通事故严重影响了人们的旅游体验。因此，急需一种提升游客出行效率与观光体验的有效方法。

本项目将"智能交通系统"与"观光感受量化"结合，旨在进行游客出行效率与观光体验的多目标优化，以解决当前交通拥堵频发、交通事故多发、旅游体验不佳的问题。本项目提出了基于观光感受量化的飞行汽车旅游观光行程设计方法，并设计了加入飞行汽车观光元素的旅游产品。

本项目的载具为 eVTOL（电动垂直起降飞行器），项目预期成果除了需要配套的硬件设计外，在运营层面上还需要仿照旅行社规划出一条参考旅游路线，并附赠飞行汽车观光服务（图 7-36）。

在方法设计方面，该项目首先进行兴趣点选址，同时调研国内外现有飞行汽车产品开发现状，合理设定续航里程与最大飞行速度。通过综合现有针对飞行汽车的研究，建立数学模型并量化飞行电量花销和观光收益，其中观光收益模型考虑了飞行时的沿途观光与审美疲劳问题。在观光路线与时间安排的求解部分，采用序列枚举与动态规划算法。

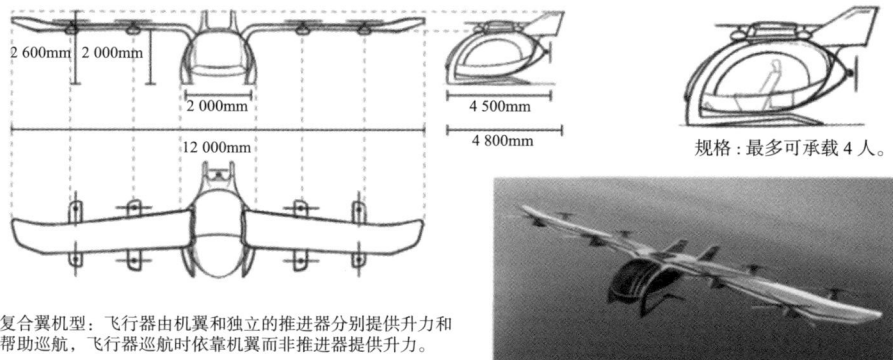

复合翼机型：飞行器由机翼和独立的推进器分别提供升力和帮助巡航，飞行器巡航时依靠机翼而非推进器提供升力。

规格：最多可承载 4 人。

图 7-36　飞行汽车

在载具设计方面，该项目注重游客安全、舒适的出行体验，并提供与外界风光的良好交互。载具设计贴合观光旅游的用途，强调外观的少机械化与柔和近人的效果，利用大面积的玻璃窗设计以保证视域。

项目在新疆进行了兴趣点选址，选择了乌鲁木齐、天山天池、吐鲁番葡萄沟、黄庙、金沙滩旅游风景区、巴音布鲁克大草原等景点。综合考虑地理位置与景点观光价值，结合算法运行结果，设计了东环线和西环线的观光行程（图 7-37）。

在大理场景中，本项目结合 MNL 模型预估了游客选择率，并通过枚举决策变量（如 eVTOL 投入量、票价），得出了系统收益最高的最优解。

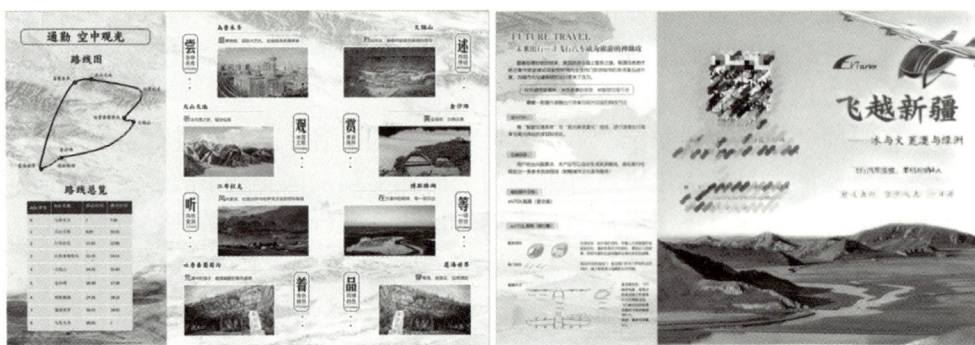

图 7-37 "飞越新疆"设计方案

3. 项目名称：共享化智能行人跟随小车设计与研发

项目成员：

王春霖 车辆学院 ｜ 甄伟民 车辆学院 ｜ 李卓诚 车辆学院

项目介绍：

随着科技的进步和城市化进程的加快，人们对智能化、便捷化生活的追求日益增强，物流和配送服务已成为城市生活的重要组成部分。然而，在最后一公里运输和室内场景下，大件行李的搬运和运输尤为困难（图 7-38）。

传统工具如小推车、平板车，虽然在一定程度上解决了上述问题，但仍存在诸多不便，例如上坡或崎岖路段费力、运输效率低下等。对于市面上现有的跟随行李箱，跟丢目标或碰撞障碍物的情况时有发生。因此，在复杂的城市环境中，物流工具需要能够灵活地避开各种障碍物，并准确跟随目标，这对工具的感知和决策能力提出了较高的要求。

图 7-38 大件行李搬运不便

本项目目标是设计并研发一款基于 UWB 和视觉融合感知技术的智能行人跟随小车，能够实现稳定、安全的自动跟随与避障功能，并探索其在共享化模式下的应用前景（图 7-39）。

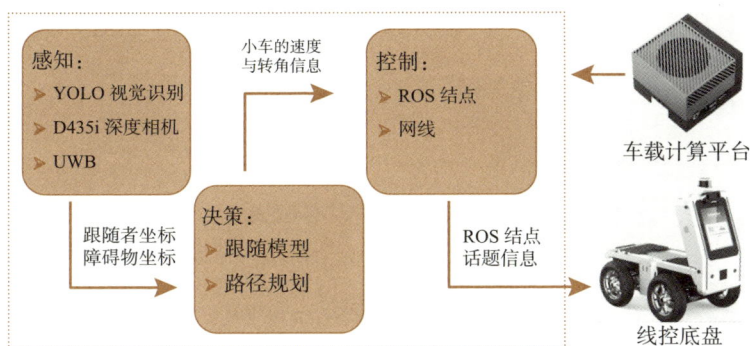

图 7-39　项目框架

本项目的感知系统负责识别目标对象并获取环境障碍物信息，其主要由以下两部分组成（图 7-40）。

（1）视觉感知：基于深度相机，行人检测采用 YOLO（You Only Look Once）算法进行视频流图像特征提取和分类；D435i 深度相机则提供了高精度的深度信息，通过深度图的障碍物检测算法，进行行人及障碍物识别和距离测量。

（2）UWB：通过在跟随小车和目标人物上分别安装 UWB 基站和标签，系统能够实时获取目标的位置数据。UWB 的定位精度达到厘米级，可以确保小车在各种环境下稳定跟随目标，不会因遮挡而跟丢。

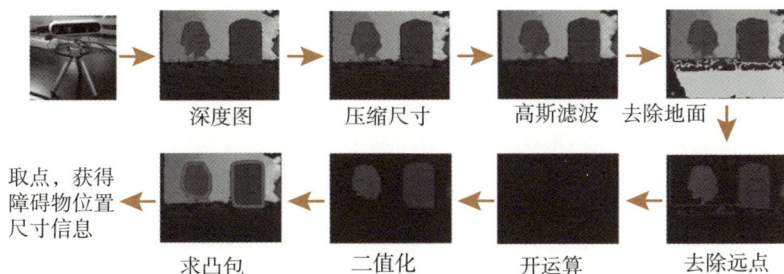

图 7-40　障碍物检测流程

结合这两个技术，系统能够实现对目标的精准定位和实时跟随。

本项目的决策系统负责根据感知系统提供的数据进行分析，生成控制指令，以确保小车能够在复杂环境中自主跟随行驶并避障。其主要包括：

（1）跟随模型：采用 Helly 跟随模型控制小车纵向跟随速度和加速度，考虑转角对 Helly 跟随模型进行优化，最终输出速度大小及转角。

（2）避障路径规划：基于人工势场法，实现跟随路径规划和局部避障，通过计算引力和斥力，使小车能够避开障碍物并调整行驶路径，确保小车在复杂环境中灵活行驶（图 7-41）。

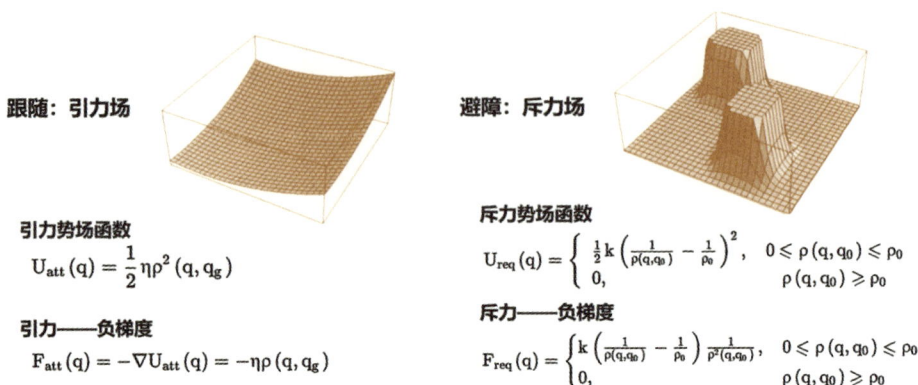

跟随：引力场

避障：斥力场

引力势场函数

$$U_{att}(q) = \frac{1}{2}\eta\rho^2(q, q_g)$$

引力——负梯度

$$F_{att}(q) = -\nabla U_{att}(q) = -\eta\rho(q, q_g)$$

斥力势场函数

$$U_{req}(q) = \begin{cases} \frac{1}{2}k\left(\frac{1}{\rho(q,q_0)} - \frac{1}{\rho_0}\right)^2, & 0 \leq \rho(q, q_0) \leq \rho_0 \\ 0, & \rho(q, q_0) \geq \rho_0 \end{cases}$$

斥力——负梯度

$$F_{req}(q) = \begin{cases} k\left(\frac{1}{\rho(q,q_0)} - \frac{1}{\rho_0}\right)\frac{1}{\rho^2(q,q_0)}, & 0 \leq \rho(q, q_0) \leq \rho_0 \\ 0, & \rho(q, q_0) \geq \rho_0 \end{cases}$$

图 7-41　人工势场法示意图

控制系统是实现小车跟随和避障功能的执行单元，通过接收决策系统生成的控制指令，可驱动小车的执行器。在本项目中，控制系统采用了 ROS（机器人操作系统）。

（1）ROS 通信：ROS 提供一套分布式的通信框架，通过节点可实现各模块之间的数据传输。控制系统通过 ROS 实现小车各部分的协同工作，包括感知数据的接收、决策指令的生成和执行器的控制。

（2）运动控制：本项目开发的控制算法将决策指令转换成底盘控制量，利用 ROS 消息接口与小车的线控底盘通信，以控制车速、转角、挡位等参数。线控底盘通过控制节点接收消息，以完成小车的运动控制，确保其按照预定路径行驶。

本项目将感知、决策和控制系统集成到一个完整的平台中，以确保各模块协同工作。通过实车测试，验证了系统的稳定性和可靠性，并实现了以下功能。

（1）自动跟随：实现了小车在多种场景中的自动跟随功能，并通过 UWB 和视觉的融合感知，能确保跟随过程的稳定和安全。

（2）自动避障：结合深度相机和避障算法，实现了实时障碍物检测和避障功能，能确保小车行驶安全。

（3）共享化功能：探索了小车的共享化模式，提升了小车的实用性和共享价值。

实车测试与现有跟随技术对比见图 7-42。

	单 UWB	单视觉	UWB+ 视觉
误判	不存在	**存在**	不存在
遮挡	不影响	**影响**	不影响
避障	**不可**	可	可
定位精度	**低**	较高	高
系统复杂度	低	较高	**高**

图 7-42　实车测试与现有跟随技术对比

7.5　人工智能产品创新实践（Innovation Practice for Smart Product）

课程名称：人工智能产品创新实践

Course：Innovation Practice for Smart Product

课程学分：3

Credits: 3

教学团队：由 5 名教师组成，分别来自清华 iCenter、清华大学美术学院、北京信息科学与技术国家研究中心，并根据教学需求邀请产业专家参与教学（图 7-43）。

Teaching team: The team is composed of 5 faculty members from Tsinghua University, specifically from Tsinghua iCenter, the Academy of Arts & Design, and Beijing National Research Center for Information Science and Technology. Industry experts are also invited to participate in teaching based on course requirements.

教学团队构成
Composition of the Teaching Team

清华iCenter 教师3名

清华美术学院 教师1名

信息科学与技术 国家研究中心 研究员1名

产业专家

图 7-43　教学团队构成

7.5.1 课程信息（Course Information）

1. 课程简介（Course Description）

人工智能产品创新实践课程面向智慧生活、工作、学习、健康、交通、环境等领域的需求，结合社会需求和科技发展的趋势，探索智能产品的未来方向。通过创新实践模式，加强创新创业基础知识和创新理念的教育，指导学生运用智能产业最新的技术工具，掌握智能产品的设计方法和开发基本技能，同时完成一款智能产品原型的设计与实现。

Smart Product Innovation Practice Course instruct the students to design and implement an innovation smart product prototype. It's the core curriculum of creative program in Tsinghua university.

2. 课程定位（Course Positioning）

本课程旨在培养学生的创新思维和实践能力，使其能够设计和开发具有实际应用价值的 AI 产品。通过跨学科的学习和实践，培养学生创新思维，提升跨学科知识应用能力，掌握基于人工智能技术的、产品设计方法、项目管理、沟通表达和团队合作能力。计划在两年内完善课程内容，并加强与海外知名高校、行业内专家及企业的合作，以提高课程的实践性和前瞻性。

鼓励学生紧跟人工智能技术及其应用的最前沿进展，加强国际合作，促进国际交流，整理成果发表和积累专利。

3. 通识教育理念（General Education Philosophy）

本课程面向零基础的学生，从基本的人工智能技术入手，培养学生基本的产品设计和创意思维能力。通过调研分析现有的 AI 产品和 AI 赋能技术，并充分利用 AI 辅助编程、AI 辅助设计工具和 AI 软件机器人，来降低学生创新和实践的门槛。课程融合产业界主流技术和前沿趋势，对于人工智能通识从基础、实操到应用都具有积极意义。课程适合各院系各学科学生广泛选修，以提升学生人工智能创新思维的数字素养，为落实"三位一体"教育理念、面向未来各行各业数智化转型培养人才发挥积极作用。

4. 课程基本信息（Course Arrangements）

课程名称 Course Name	人工智能产品创新实践 Innovation Practice for Smart Product			
学分学时	学分	3	总学时	96
预期学习成效	本课程是一门将人工智能技术与设计相结合的课程，课程由清华 iCenter、计算机系和美术学院等单位共同建设，课程将为学生激发创新精神、自我挑战提供支撑与指导。第一阶段是引导学生设计一款具有创新性的智能产品原型。第二阶段是完善设计、落实制作和产品原型优化阶段。			

课程名称 Course Name	人工智能产品创新实践 Innovation Practice for Smart Product			
学分学时	学分	3	总学时	96
课程分类	本科			
课程类型	全校性选修课			
课程特色	实践课，通识选修课			
课程类别	人工智能实践类			
授课语种	中文			
考核方式	考试□ 考查☑			
教材及参考书	无			
先修要求	人工智能产业导引，人工智能思维，设计思维，智能产品设计			
适用院系及专业	全校各专业			
成绩评定标准	组织专家评委会对课程学生作品和项目进行答辩和评价			

7.5.2 教学设计（Teaching Design）

1. 教学目标（Teaching Objectives）

课程以学生为中心，旨在激发学生的自我挑战精神。通过不断创新，以提高教学质量，并探索适合高等学校跨专业创新教育的规律。课程通过完善智能技术设计模型，逐步实现具有创新性的智能产品原型。

2. 教学大纲（Syllabus）

第几讲 Lecture Number	主要内容 Main Content	课时 Class Hour 教学 / 实践 / 课外 Teaching / Practice / Extracurricular
1	智能产品设计实践：每个小组针对本组智能硬件设计方案展开面向需求的设计优化。 Smart product design practice: each group carries out demand-oriented design optimization for the group's intelligent hardware design proposal.	4 / 4 / 8

第几讲 Lecture Number	主要内容 Main Content	课时 Class Hour 教学 / 实践 / 课外 Teaching / Practice / Extracurricular
2	智能产品设计实践：每个小组针对本组智能硬件设计方案进行技术方案落实。 Smart product design practice: each group carries out the implementation of technical solutions for the group's intelligent hardware design scheme.	4 / 4 / 8
3	智能产品设计交流与指导：每个小组汇报本组智能硬件第一阶段的设计方案与原型实现。 Smart product design exchanges and guidance, each group prepares and reports the first phase of the group's intelligent hardware design scheme and prototype realization.	4 / 4 / 8
4	智能产品设计交流与指导：每个小组汇报本组智能硬件第一阶段的设计方案与原型实现。 Smart product design communication and guidance, each group to prepare and report on the first phase of the group's intelligent hardware design and prototype realization.	4 / 4 / 8
5	智能产品设计交流与指导：每个小组完成本组作品原型，课程组织专家小组给予指导与评价。 Smart product design exchange and guidance, each group to complete the prototype of the group's work, the course team to organize a panel of experts to give guidance and evaluation.	4 / 4 / 8
6	智能产品设计交流与指导：每个小组完成本组作品原型，课程组织专家小组给予指导与评价。 Smart product design communication and guidance, each group to complete the group's work prototype, the course team to organize the expert group to give guidance and evaluation.	4 / 4 / 8
7	智能产品设计交流与指导：每个小组汇报本组智能硬件第二阶段的设计方案与原型实现。 Smart product design exchange and guidance, each group to prepare and report the second phase of the group's intelligent hardware design and prototype realization.	4 / 4 / 8
8	智能产品设计交流与指导：每个小组汇报本组智能硬件第二阶段的设计方案与原型实现。 Smart product design exchange and guidance, each group to prepare and report on the second phase of the group's intelligent hardware design and prototype realization.	4 / 4 / 8

第几讲 Lecture Number	主要内容 Main Content	课时 Class Hour 教学 / 实践 / 课外 Teaching / Practice / Extracurricular
9	智能产品设计交流与指导：每个小组完成本组作品原型，课程组织专家小组给予指导与评价。 Smart product design exchange and guidance, each group to complete the prototype of the group's work, the course team to organize a panel of experts to give guidance and evaluation.	4 / 4 / 8
10	智能产品设计交流与指导：每个小组完成本组作品原型，课程组织专家小组给予指导与评价。 Smart product design communication and guidance, each group to complete the group's work prototype, the course team to organize the expert group to give guidance and evaluation.	4 / 4 / 8
11	智能产品设计交流与指导：每个小组汇报本组智能硬件第三阶段的设计方案与原型实现。 Smart product design exchange and guidance, each group to prepare and report the third phase of the group's intelligent hardware design and prototype realization.	4 / 4 / 8
12	智能产品设计交流与指导：每个小组汇报本组智能硬件第三阶段的设计方案与原型实现。 Smart product design exchange and guidance, each group to prepare and report on the third phase of the group's intelligent hardware design and prototype realization.	4 / 4 / 8
合计 Total	教学课时：48　实路课时：48　课外课时：96 Teaching Hours: 48　Practice Hours: 48　Extracurricular Hours: 96	

3. 教学方法（Teaching Methods）

本课程的实践部分以培养学生动手操作、创新设计和团队协作等能力为目标。教学团队将科研工作中的难点引入课堂教学，让学生团队真刀真枪做实践项目。同时，通过课赛相结合的教学模式，增强学生的综合实践能力和解决复杂工程问题能力。最后，构建注重过程性评价的多元化考核方式，合理评价学生在项目实践过程中的表现。

4. 学习评价（Learning Assessment）

多维度评价：

（1）个人评价：根据个人的课堂参与度、任务完成度，通过同学互评等多种方法对个人表现进行评价。

（2）持续性评价：本课程强调学生的持续参与和进步，因此我们将通过持续的作业、小测验以及课堂活动的参与度来评估学生的学习状况。

（3）团队项目评估：团队项目是体现学生综合能力的重要环节，我们将基于项目的创新性、实用性、技术实现难度，以及团队合作和项目管理能力进行评价。此外，项目的最终呈现，包括报告的撰写质量和口头报告的表现，也是评价的重要方面。

（4）项目进展报告评价：课程要求每组学生每周记录本组项目的进展并形成报告。这份报告应当反映学生对本课程学习内容的理解、在技能和知识方面的成长、对自己学习态度和方法的反思、项目进展情况以及遇到的问题等。

（5）多渠道评价：课程鼓励学生参加各种创新创业比赛、大学生创新创业训练计划、SRT 项目等，以获得来自各界评委的多渠道评价。

评价反馈：

（1）教师直接反馈：课程要求教师在每周的单独指导环节里提供个性化的反馈，包括对学生项目的指导意见反馈、对学生创新实践方法的反馈，以及对学生表现的即时反馈。

（2）关键环节反馈：在选题报告、中期报告、期末报告展示之后会有课程评委对学生项目进行反馈。

（3）每周课后交流会反馈：在学生完成选题后，每周选取一组学生进行课后交流并提交反馈。

评价成效：

教师能够及时、全面、客观地对学生进行评价。及时的、多方面的反馈也使得学生能够及时解除疑惑并调整优化学习过程。

5. 教学特色 (Teaching Characteristics)

（1）导师制教学：课程根据学生的选题意愿进行学生分组并配备相关的指导教师，导师每周都会与小组成员进行单独讨论和交流。

（2）小组制研讨会：研讨会由行业专家和教师主讲，介绍最新的 AI 技术和产品创新案例，并鼓励学生提问和分享自己的见解。同时鼓励学生主动收集并分享自己感兴趣的 AI 前沿信息。

（3）实验室实践：清华 iCenter 人工智能实验室配备了先进的 AI 软件和硬件资源，有助于学生进行 AI 产品原型设计和开发。因此，课程带领学生参观实验室的设施和学习实践流程，并提供足够的资源来帮助学生落实构思。

（4）企业参观学习：联系 AI 企业，安排学生参观交流，让学生了解企业如何应用 AI 技术解决实际问题，并学习 AI 行业的最新发展趋势，增进学生对 AI 产业的认识。

（5）项目实践：学生团队完成 AI 产品的选题、设计、制作、测试等环节，以实现实践产出。

（6）项目展示和评审：组织项目选题、项目中期以及项目结束时的项目展示，邀请行业专家和教师进行评审，并提供反馈和建议。

7.5.3 教学案例（Teaching Cases）

本课程充分利用清华大学在人工智能产业和学科领域的整体优势，助力学生完成创新的 AI 产品的原型设计，锻炼学生的实践能力，全面提升学生的创新意识和产业融合能力，并开阔学生的国际视野。具体成效体现在以下几个方面。

（1）积极参与学校组织的各类科技竞赛，包括"挑战杯"、清华工匠大赛、睿抗机器人大赛、中国人工智能与机器人大赛等。

（2）积极申报"挑战杯"、大创计划和 iStar 计划。

（3）积极参与国际合作交流，将成果和创新项目投稿国际会议，发表论文 3 篇。

（4）积极申请专利、软件著作权，完成 2 项成果总结。

1. 项目名称: GPT-X 文本续写：剧本杀创作

项目成员：

李佳萌 探微书院 | 李典默 生命学院

项目介绍：

剧本杀是一种新颖的、深受年轻人欢迎的沉浸式角色扮演体验。每个玩家扮演故事中的一个角色，并在角色设定下互动，以推动故事情节发展和走向高潮。

本项目基于生成式 AI 大模型的剧本杀辅助创作工具，帮助普通用户将创意"一键生成"为完整作品，并协助专业剧本创作者提高创作效率。

本项目的技术路线是，通过开发与 AI 大模型沟通的提示工程，使 AI 大模型能够按照用户所想精准地生成所需内容，同时还能提升输出结果的质量。该项目通过人工智能与人类艺术创作的有机结合，以全新的视角与手段探索人工智能在创意内容生成与表达上的潜在应用前景。

2. 项目名称: AI 美育装置: "袍泽与共" ——文物与传统服饰的个性化交互留念

项目成员:

刘奕杉 美术学院 等

项目介绍:

博物馆在社会美育中扮演着重要角色。然而,传统留念方式,如拍照或购买纪念品,往往无法提供独特的个性化体验,难以满足用户的创作与美育需求。

本项目以美育为核心,创新性地提出"AI+ 文物 + 朝代服饰 + 人脸融合技术"融合方式,旨在将文物背景知识、传统服饰知识和历史背景知识融入交互体验中。通过提取用户脸部特征,用户可自由选择心仪的文物,并将其特色纹样与对应朝代的传统服饰相融合,生成独一无二的文物主题特色写真。借助详细的文字介绍、三维图片展示和视频讲解,帮助游客深入了解文物、朝代服饰等文化元素的历史背景、文化内涵和艺术特点。

3. 项目名称: EMO-Music: 基于深度学习生理信号分析的情绪识别音乐疗愈

项目成员:

郭瀚哲 电子系 丨 张嘉文 电子系 丨 姜玥瑶 美术学院 丨 祁逸菲 美术学院

陈思梦 环境学院 等

项目介绍:

EMO-Music 是一个创新项目,通过结合深度学习模型和智能可穿戴设备,旨在开发一个能够实时识别用户情绪状态并据此推荐合适音乐的智能系统。该项目特别关注大学生群体,因为他们常常面临高压力、睡眠问题等。EMO-Music 首先利用智能手表收集的生理信号,如心率和皮肤电导,通过先进的深度学习模型尤其是双向编码器表示(BERT),进行情绪状态的实时监测和分析。然后,系统根据分析结果,为用户提供个性化的音乐推荐,帮助用户调节情绪,确保心理健康。项目团队通过用户需求调查和用户画像的构建,设计了易于使用的交互界面,并通过小规模用户测试收集反馈,以优化系统性能。EMO-Music 项目不仅展示了情绪识别和音乐疗法相结合的可能性,而且在实践中也证明了其有效性,未来有望扩展到智能汽车、医疗康复和儿童玩具等更多应用领域,为不同用户群体提供情绪健康支持。

4. 项目名称: 愈见 AI 智能移动交互疗愈间

项目成员:

库旭东 车辆学院 丨 秦潇桐 建筑学院 丨 毛馨缘 建筑学院

刘馨阳 建筑学院 ｜ 袁亦朗 新闻学院

项目介绍：

本项目是一个前沿的心理健康项目，专注于通过人工智能技术为个人心理健康提供技术支持手段。此项目创造了一个移动疗愈空间，它不仅集成了高科技交互功能，还提供了个性化的沉浸式体验，包括冥想指导、AI 语疗会话、心理状态监测和数据分析反馈。这些功能旨在为心理亚健康人群，如学生和企业员工，提供一个安全、私密的环境，让他们能够通过科技的力量来疗愈心灵。

本项目涵盖了先进的 AI 语音大模型、情绪感知与识别技术，以及脑波信号的可视化。通过这些多模态交互技术的共同作用，为用户提供了一个深度沉浸式的心灵舒缓体验。在其核心功能中，个性化冥想指导和 AI 语疗会话旨在满足用户的个性化需求，而脑波监测和情绪可视化则为用户提供了对自己心理状态的深入了解。此外，项目还提供了专业心理测试、个人心理状态报告监控和心灵疗愈内容推送等附属功能，以进一步增强用户体验。

本项目目标是为所有寻求心灵安宁的人提供一个易于访问、随时可用的心理健康解决方案。通过创造一个充满支持性的环境，帮助用户在压力管理、情绪调节以及提升整体福祉方面取得显著进步。

5. 项目名称：浮生若梦

项目成员：

郭雯静 美术学院 ｜ 王思绮 美术学院 ｜ 张家慧 美术学院
王爱蕾 美术学院 ｜ 姚郗文 美术学院

项目介绍：

在现代社会的快节奏生活中，心理健康问题日益凸显，成为一个亟待解决的社会课题。随着生活压力的增加，越来越多的人开始寻求精神慰藉，而禅宗以其独特的哲学和实践方式成为帮助人们缓解焦虑、放松身心的有效途径。

本项目旨在通过结合禅宗元素和现代科技，引导用户进行冥想，从而改善心理健康。利用精心设计的禅思画面、音频和虚拟环境，为用户提供沉浸式的冥想体验。同时，通过脑电波监测技术，实时获取并可视化用户的专注程度和冥想深度，帮助用户达到"顿悟"状态，以缓解焦虑和促进心理健康。

学生团队关注画面设计对冥想效果的影响，并研究如何根据用户的个体差异、喜好和需求，让这些画面变得更加个性化。通过算法和人工智能技术，并根据用户的脑电波反馈，动态调整禅思画面和冥想引导，以提供更加贴合个人需求的冥想方案。

利用先进的脑电波监测技术，实时追踪用户的脑电波活动，并将其转化为可视化数据。这不仅能帮助研究者了解脑电波与冥想状态之间的关系，而且通过反馈机制，还能指导用户如何更有效地控制冥想的深度和专注程度。

本项目还探索了用户在冥想过程中是否能够达到深层次的"顿悟"体验，即对生活、自我或世界的新颖领悟。通过定性研究和心理学测量工具，评估这种体验对用户心理健康的潜在影响，包括焦虑水平的降低和心理平衡感的提升。

为了评估该项目对用户心理健康的实际影响，项目还使用心理学测量工具和生理指标进行量化分析。通过持续关注焦虑水平的降低、心理平衡感的提升等关键指标，确保冥想方案能够有效地促进用户的心理健康。

7.6 机器人专业创新实践（Innovation on Robotics）

课程名称：机器人专业创新实践（设计方法＋原型制作）
Course：Innovation on Robotics（Design methods and Prototyping）
课程学分：3（设计方法）＋3（原型制作）
Credits: 3（Design methods）＋3（Prototyping）
教学团队：由5名教师组成，分别来自清华 iCenter、清华大学自动化系和美术学院，并根据教学需求邀请产业专家参与教学（图7-44）。
Teaching team: The team is composed of 5 faculty members from Tsinghua University, specifically from Tsinghua iCenter, the Department of Automation, and the Academy of Arts & Design. Industry experts are also invited to participate in teaching based on course requirements.

图 7-44　教学团队构成

课程信息（Course Information）

1. 课程简介（Course Description）

机器人专业创新实践课程由两门课组成，分别是设计方法与原型制作。该课程针对服务、娱乐、教育、军事等领域的需求，以机器学习及人工智能等前沿技术为依托，以产业化为导向，探索具有创新性的机器人产品设计与原型技术并实现技术向生产力的转化。

The Innovation on Robotics Practicum consists of two courses: Design Methods and Prototype Manufacturing. This course targets the needs in services, entertainment, education, military, and other fields. It relies on cutting-edge technologies such as machine learning and artificial intelligence, and is oriented towards industrialization. It explores innovative robot product design and prototype technology, aiming to transform these technologies into productive forces.

2. 课程定位（Course Positioning）

机器人专业创新实践课程是 AI 创证书的核心实践课之一，也是清华大学科学课组的通识课。

本课程结合清华大学"三位一体"的教育理念，以智能机器人创意设计实践、设计制作为载体，塑造学生科技向善的价值观，激发学生探索科学的热情，培养学生创新意识，锻炼学生正向设计、系统开发的能力。在 AI 创证书课程实践教学的基础上，本课程进一步优化针对多学科背景学生的教学组织，加大导师团队在课外对学生的辅导和支持力度，并适当配备助教团队，通过面向全校学生开放，以扩大课程的覆盖面，服务更多有志于从事智能机器人相关领域学习和研究的学生。

3. 通识教育理念（General Education Philosophy）

本课程以完成一种新型机器人的设计、仿真验证和原型开发为目标，注重在实践中将团队成员通过 AI 创证书项目课程所学的理论知识和专业技能进行有效衔接综合运用。要求项目团队完成用户调研、需求分析、结构设计、仿真验证、原型开发、测试实验等实践环节，以全面提高学生的创新创业实践能力。学生项目团队在导师指导下进行项目团队的组建和动态管理，学生以项目团队的形式完成课程考核。

本课程秉持清华大学"三位一体"教学理念，在实施过程中，以价值塑造为灵魂、能力培养为核心、知识传授为基础，三者相互支撑、相互促进，共同构成了本课程通识育人的特色。

4. 课程基本信息（Course Arrangements）

课程名称 Course Name	机器人专业创新实践（设计方法与原型制作） Innovation on Robotics, Design Methods and Prototype Manufacturing			
学分学时	学分	3＋3	总学时	60＋60
预期学习成效	本课程以完成一种新型机器人原型开发为目标，注重在实践中将团队成员通过 AI 创证书项目课程所学习到的理论知识和专业技能进行有效衔接、综合运用。本课程要求项目团队完成项目选题、用户调研、需求分析、结构设计、仿真验证、原型开发、测试实验等实践环节，为全面提高学生的创新创业实践能力打下基础。			
课程分类	本科			
课程类型	全校性选修课			
课程特色	实践课，通识选修课			
课程类别	人工智能实践类			
授课语种	中文			
考核方式	考试□　考查☑			
教材及参考书	自编讲义			
先修要求	建议先修机器人专业创新实践（设计方法）			
适用院系及专业	所有专业			
成绩评定标准	（1）制作 40 分 （2）项目 30 分 （3）小组合作 30 分			

7.6.2 教学设计（Teaching Design）

1. 教学目标（Teaching Objectives）

本课程组织机器人项目团队首先开展实践活动，通过调研社会需求和机器人产业现状来确定选题意向，然后完成机器人的创新设计，并进行原型开发、测试设计和原型实验。

2. 教学大纲（Syllabus）

第几讲 Lecture Number	主要内容 Main Content	课时 Class Hour 教学 / 实践 / 课外 Teaching / Practice / Extracurricular
1	设计方法：课程简介，机器人前沿，布置小组任务 原型制作：项目介绍 Design Methods: Course Introduction, Frontiers in Robotics, Assigning Group Tasks Prototype Manufacturing: Project Presentation	8 / 0 / 8
2	设计方法：机器人前沿讲座及实验室介绍 原型制作：工业机器人操作体验，确定分组 Design Methods: Introduction to Robotics Lectures and Labs Prototype Manufacturing: Experiencing industrial robots, defining the groups	4 / 4 / 8
3	设计方法：机器人前沿讲座及实验室介绍 原型制作：小组制订项目计划，硬件材料采购，算法设计 Design Methods: Introduction to Robotics Lectures and Labs Prototype Manufacturing: Group project planning, hardware and material procurement, algorithm design	8 / 0 / 8
4	设计方法：工业机器人与协作机器人在工业生产中的实际应用 原型制作：小组计划初步交流 Design Methods: Practical applications of industrial robots and collaborative robots in industrial production Prototype Manufacturing: Preliminary group program exchange	4 / 4 / 8
5	设计方法：师生互动，确定选题意向，仿真工具、交互技术介绍 原型制作：硬件制作，算法设计 Design Methods: Teacher-student interaction to determine the intention of the topic, introduction of simulation tools and interaction technologies Prototype Manufacturing: Hardware fabrication, algorithm design	6 / 2 / 8
6	设计方法：小组调研 原型制作：硬件制作，算法设计 Design Methods: Group research Prototype Manufacturing: Hardware fabrication, algorithm design	6 / 2 / 8
7	设计方法：小组调研 原型制作：小组进展交流 Design Methods: Group research Prototype Manufacturing: Communication of group progress	8 / 0 / 8

第几讲 Lecture Number	主要内容 Main Content	课时 Class Hour 教学 / 实践 / 课外 Teaching / Practice / Extracurricular
8	设计方法：小组选题意向展示 原型制作：软硬件联调，展示场景设计 Design Methods: Demonstration of the group's intention Prototype Manufacturing: Hardware/software tuning, demonstration scenario design	8 / 0 / 8
9	设计方法：文献调研，准备选题报告 原型制作：软硬件联调，展示场景设计 Design Methods: Literature research and report preparation Prototype Manufacturing: Hardware/software integration, scenario design	8 / 0 / 8
10	设计方法：选题报告展示 原型制作：软硬件联调，展示场景设计 Design Methods: Presentation of topic report Prototype Manufacturing: Hardware/software integration, scenario design	8 / 0 / 8
11	设计方法：小组初步设计 原型制作：作品初步展示 Design Methods: Preliminary design of the group Prototype Manufacturing: Preliminary presentation of the work	6 / 2 / 8
12	设计方法：小组初步设计 原型制作：系统联调、展示与优化 Design Methods: Preliminary group design Prototype Manufacturing: system integration, optimization of presentation	4 / 4 / 8
13	设计方法：小组初步设计 原型制作：系统联调、展示与优化 Design Methods: Preliminary group design Prototype Manufacturing: system integration, display optimization	4 / 4 / 8
14	设计方法：小组初步设计 原型制作：作品最终展示 Design Methods: Team preliminary design Prototype Manufacturing: final presentation	6 / 2 / 8
15	设计方法：初步设计报告展示 原型制作：项目总结与完善 Design Methods: Preliminary Design Report Prototype Manufacturing: Project Summary	8 / 0 / 8

第几讲 Lecture Number	主要内容 Main Content	课时 Class Hour 教学 / 实践 / 课外 Teaching / Practice / Extracurricular
合计 Total	教学课时：96　实践课时：24　课外课时：120 Teaching Hours: 96　Practice Hours: 24　Extracurricular Hours: 120	

3. 教学方法（Teaching Methods）

在 AI 创证书课程实践教学的基础上，本课程进一步优化了针对多学科背景学生的教学组织，加强教学团队建设，加大导师团队在课外对学生的辅导和支持力度。

（1）优化教学组织。在理论教学环节，除安排机器人前沿介绍外，增加基本技能培训环节，帮助非工科学生掌握基本人工智能算法设计、机器人设计和仿真验证工具；在实践环节，采用分组指导方式，组织学生团队进行智能机器人创意设计、系统功能设计，并在仿真环境下进行演示和验证，然后制作原型并进行演示和验证。

（2）丰富课程内容。拟引入有人工智能伦理相关背景的教师和机器人行业的企业专家参与讲课和研讨，以保证学生所设计的智能机器人系统能满足未来社会需求。

（3）加大导师团队在课外对学生的辅导和支持力度，适当配备助教团队，确保学生在课外开展项目设计时能得到充分的指导和支持，保证教师在课外的辅导时间与课内教学时间的比例不低于 4 : 1。

（4）加强成果宣传。一方面，组织学生进行项目成果公开展示；另一方面，对于项目中的创新成果，鼓励学生以专利或论文的形式进行成果总结。

4. 学习评价（Learning Assessment）

本课程力求从创新思维、需求分析、系统设计、仿真验证、功能验证等多个维度，对项目的质量进行整体评价。同时，再结合每位同学在团队中的贡献进行个性化评价。在实践过程中，由导师团队分阶段对项目进行节点评审，及时向学生反馈项目推进中存在的不足，并给出改进的建议。

5. 教学特色（Teaching Characteristics）

课程学生来自全校的不同院系，通过小组形式的项目实践，使其初步了解智能机器人的社会需求和技术发展趋势，初步掌握智能机器人创意设计的基本思路、方法和技术，并能够开展仿真以及制作原型验证。

课程首先由授课教师介绍机器人领域的最新动态，以激发学生的兴趣。随后，在联合导师的指导下，学生将分组进行以下教学活动：文献调研、选题论证、方案设计、仿真展示验证、原型系统方案设计、采购并制作原型系统、编程、软硬件功能展示以及最后的测试验证。在每个阶段，导师团队将提供评价和建议，以帮助学生改进工作。课程结束时，将根据项目的完成质量和学生在团队中的贡献来评定成绩。

7.6.3 教学案例（Teaching Cases）

1. 项目名称：养老护理机器人（图 7-45）

团队成员：

周炎亨 机械系 | 张粟全 电子系 | 苏云州 机械系

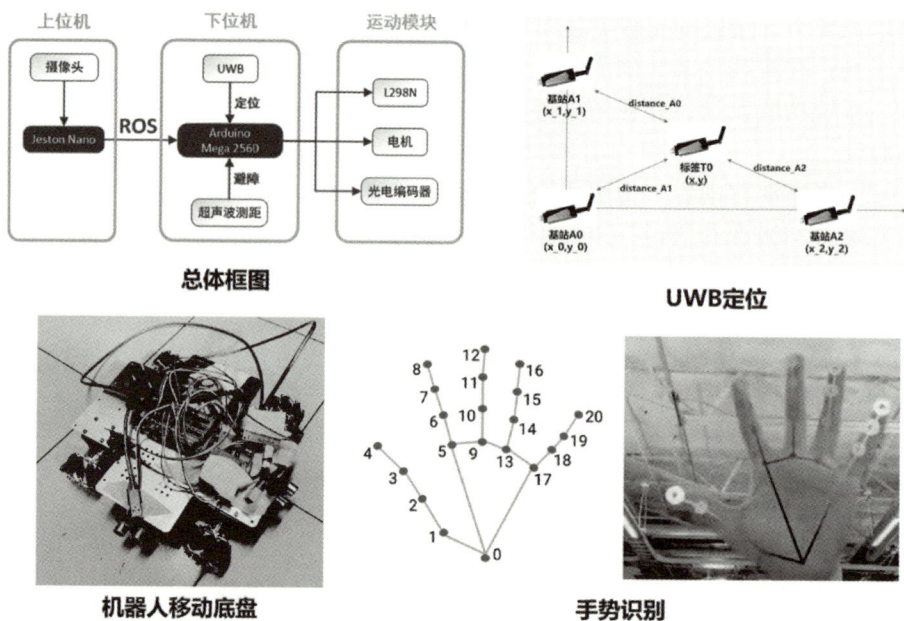

总体框图

UWB定位

机器人移动底盘

手势识别

图 7-45　产品设计

项目介绍：

随着社会老龄化的加剧，我国正面临着养老护理领域服务人员素质下降、社会评价不高、工资待遇不佳以及人才严重短缺的问题。与此同时，老年人对护理服务的需求和质量要求也在不断提升，形成了供需矛盾。为了解决这一问题，学生团队计划开发一款护理机器人，旨在为老龄化社会提供集中式的或家庭式的护理服务。

护理机器人的主要功能：

（1）远程控制：老年人可以通过手机应用向护理机器人发送指令，使机器人接收到信号后开始执行任务。

（2）室内定位与导航：机器人通过接收 WiFi 或 UWB 信号进行粗略定位，并利用惯性导航系统自动规划路径进行移动。在移动过程中，机器人借助视觉系统实现自动避障和路径选择。

（3）精确导航：在粗略定位后，机器人将到达按钮大致位置附近。通过摄像头识别特定的手势，并根据手势在摄像头中的位置参数确定下一步运动方向。在手势的精确指引下，完成最后 3 米的导航，确保机器人能够准确到达老年人面前。

（4）服务提供：到达指定位置后，机器人可以自动弹出装有水、药物、食物等必需品的抽屉，供老年人选择和使用。

项目目标：

通过这款护理机器人，学生团队希望为老年人提供更加便捷、高效和人性化的护理服务，并减轻护理人员的工作压力，提高养老服务的整体质量，为老年人带来更加舒适和安全的晚年生活。

2. 项目名称："灵龙"蛇形搜救机器人（图7-46）

项目成员：

张岳伟 工业工程系 ｜ 陈威廉 机械学院 ｜ 梁辰宇 电子工程系

项目介绍：

"灵龙"是一款专为救灾而设计的蛇形机器人，能够在地震等灾害的废墟中进行生命探测和有限的物资输送，它也同样适用于地质勘探等狭窄空间的勘察工作。与传统的救灾机器人相比，"灵龙"在建筑坍塌或自然形成的狭窄空间中具有更出色的运动能力，它配备了特制的"钩爪"运动机构，能够在坚硬表面上推动自身前进。

产品技术特点：

（1）模块化设计：机器人采用模块化开发策略，便于未来的重组和功能扩展，形成了易于开发和多功能的架构。

（2）硬件选型：已完成控制元件、电机驱动和图传模块等关键硬件的选型。

（3）硬件测试：进行了第一轮硬件测试，包括图传质量、传输性能、遥控距离和基本电控系统设计。

（4）3D 打印与定制：机器人的骨架大部分通过 3D 打印和板材切割完成，部分金属件需要专门定制。

在设计和构建产品的同时，学生团队通过深入地调研，对该类产品的目标市场也做了细致的调研分析。

（1）竞争对手分析：市场上缺乏性能优越的同类产品，使"灵龙"的竞争优势更加突出。

（2）市场需求分析：我国地域辽阔、地质构造复杂、灾害频发，对高效可靠的救灾设备需求迫切；

（3）用户反馈分析：通过走访蓝天救援队，深入地与他们进行了沟通，可以得出"灵龙"在救灾领域具有广阔市场前景的初步调研结论。

项目目标：

"灵龙"开发完成后，将作为灾情救援的重要辅助工具，为国内灾情救援提供强有力的技术支持。期望它能够显著提高搜救效率，减少救援人员的风险，为受灾群众提供更快的救援响应。

第一代设计   第二代设计

图 7-46　产品设计

3. 项目名称：机器人调酒师（图 7-47）

项目成员：

刘皓月 外文系 ｜ 王贝宁 工业工程系 ｜ 王劭聪 新雅书院

杨政昊 工程物理系

项目介绍：

目前，在饮品的调制机器人领域，市面上主要有两种类型的产品：调酒机器人和自动调酒机。相较于自动调酒机，调酒机器人在观赏性和灵活性方面更具优势，也因此成为行业的首选。

学生团队也是通过上述调研，设定项目目标，成功设计并制作了一个机械臂调酒师的原型，并利用现有的桌面级大象机械臂展示了一个 AI 调酒师的小型应用示例。

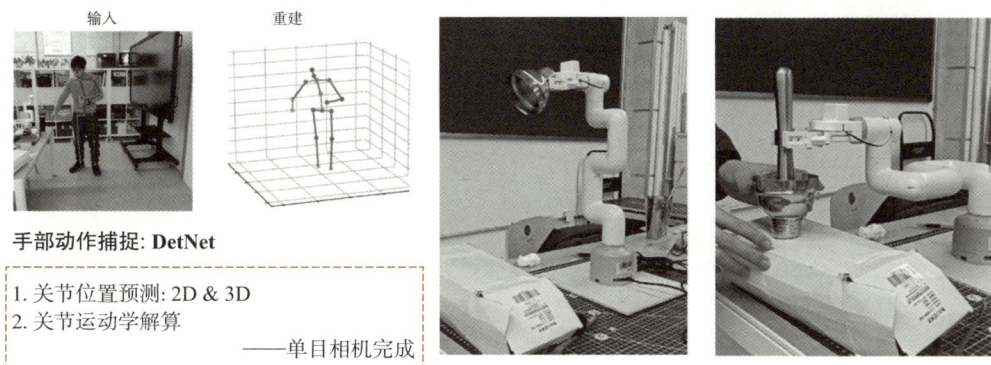

人体动作轨迹获取　　　　　　机械臂动作设计

输入　　　重建

手部动作捕捉: **DetNet**

1. 关节位置预测: 2D & 3D
2. 关节运动学解算
　　　　　　——单目相机完成

图 7-47　产品设计

产品的设计考量：

（1）灵活性与速度：机械臂的轴数决定了其灵活性，轴数越多灵活性越高，轴数越少动作执行速度越快。

（2）调酒需求：调酒过程更注重调制的表演性而非速度。调酒过程中的取放、摇晃酒杯等动作需要较高的灵活性，因此，产品选择了自由度较高的六轴机械臂。

技术实现：

（1）前向抓取功能：通过 mimic.py 脚本实现机械臂的前向抓取功能。机械臂的运动路径以 0.1 秒 / 帧的速率被记录下来，展示时可以精确地按照预定路径执行前向抓取任务。

（2）调教功能：学生团队设计了一个调教函数，允许用户手动引导机械臂执行特定动作。机械臂能够以 0.1 秒 / 帧的速率自动记录下六轴角度，10 秒后（这个时间是可调节的），机械臂自动复位并开始模仿之前记录的动作。经过细致的调节，该功能现在能够流畅地模仿用户的动作。

项目目标：

设计这款产品的目标是，想通过它展示机械臂在服务行业中的创新应用。让这款产品不仅能够提供高效的调酒服务，还能为顾客带来独特的观赏体验。

4. 项目名称：隧道电缆巡检机器人（图 7-48）

项目成员：

聂灿 经管学院 ｜ 陈孟阳 经管学院 ｜ 张瑞雯 美术学院

何欣凝 建筑学院 ｜ 李洪欣 自动化系 ｜ 林志忠 土木系

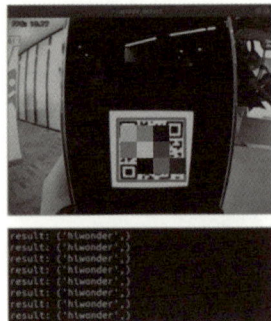

自主导航 摄像头图像识别

图 7-48 产品设计

项目介绍：

隧道巡检是工业机器人应用的一个重要场景。本项目首先对电缆隧道巡检场景进行了实地调研，识别出地下电缆隧道巡检场景对机器人的特定能力要求，包括复杂地形的越障能力、定位与导航能力、不同高度位置的感知检测能力。经过调研，学生团队制订的方案为采用四轮足机器人实现对多种地形的通过，采用激光测距雷达进行 SLAM 建图和导航，采用机械臂＋末端安装 USB 摄像头实现对大范围高度的检测。同时，学生团队采用 JetAuto 机器人车作为开发和测试硬件，完成建图和导航、机械臂控制和二维码识别功能的调试和运行，并模拟搭建隧道环境，对机器人的以上功能完成了测试，同时在仿真环境完成了全路段二维码检测方案的演示。最后，学生团队为后续在校园内举办隧道巡检比赛项目设计了比赛规则和评分标准，并制作了宣传视频。

5. 项目名称：爬壁机器人（图 7-49）

项目成员：

林灏希 自动化系 ｜ 李易澄 土木系 ｜ 戴诗琪 建筑学院

项目介绍：

四旋翼无人机与吸盘的结合设计代表了现代科技在飞行器领域的前沿创新。这种设计概念将吸盘技术融入四旋翼无人机，使其具备在各种表面上附着和执行任务的能力。这种结合设计在多个方面展现出显著的特色和优势。

这种创新设计的主要特色之一是能够在飞行器需要保持静止或执行任务时，通过吸附在目标表面上来实现。这带来了显著的节能效果，因为飞行器无须持续消耗大量电能来保持悬空状态。通过吸盘技术，无人机能够在需要时轻松地附着在不同类型的表面上，从而延长了飞行时间，扩大了使用范围。

四轴无人机遥控 → 四轴无人机主控 → 爬壁机器人
上位机控制 → 气泵吸盘 ↗

总体设计思路

带吸盘的无人机

原型设计与模型推敲

吸附测试

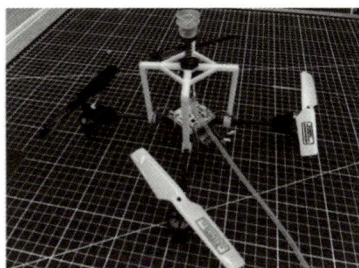

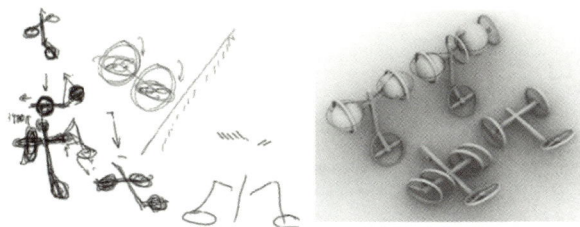

图 7-49 产品设计

　　这种设计的优势之一是其具有多样的应用场景。无人机可以在建筑结构检测、悬崖边缘勘查等任务中发挥作用。利用吸附能力，无人机能够安全地附着在垂直或水平表面上，扩展了其应用范围，使其在更广泛的环境中执行任务成为可能。

　　此外，利用吸盘技术还提高了无人机在风力或变化环境中的稳定性。通过在表面上附着，飞行器能够更好地抵抗外部环境的影响，以保持稳定的操作状态。这种提高的稳定性对于任务的成功执行至关重要。

　　这种设计还为无人机增加了灵活性和机动性。吸盘设计使得无人机能够在需要时快速地从一个位置移动到另一个位置，从而增强了其在应对快速变化的环境或应急情况下的适应能力。

　　总体而言，四旋翼无人机与吸盘的结合设计代表了飞行器的创新方向，为其应用提供了更广泛的可能性。这一设计不仅提高了无人机的飞行效能和稳定性，同时也拓展了其应用领域。

第8章 培养案例

8.1 周佳祺：重新认识"我"

周佳祺

工程物理系2019级本科生。
曾获得北京市优秀毕业生、
清华大学优良毕业生、
清华大学十佳志愿者、
清华大学优秀学生干部等称号，
曾获综合优秀奖学金、
志愿公益优秀奖学金、
社会实践优秀奖学金等。

周佳祺领取 AI 创证书

> 刚上大学时，面对繁多的基础和数理课程，我一度失去了信心，是AI创证书让我重新认识了自己。老师"以人为本"的教学理念让我倍感温暖，老师们对每一个学生因材施教，让我找到了符合自己性格习惯的、贴近我兴趣方向的、属于自己的道路。

我和 AI 创证书结缘于"人工智能思维"课程，其实当时并不清楚整个证书项目，只是抱着想简单了解人工智能产业的想法而选的课。但如今回顾，AI 创证书项目带给我的收获已经远远超出了当时的预期，不仅让我了解到了 AI 产业的前沿情况，也让我接触到了学校内的各类科创赛事，最重要的是让我重新认识了自己，找回了自己。它的浸润宛若雨水，刚开始一两滴雨珠飘落的时候还没有发觉，回过神，全身便已湿透。

在刚上大学时，面对繁多的数理基础课程，我一度失去了信心。几乎所有课程都是大班课堂，大学知识体系与高中迥然不同，身边同学们的基础情况也是千差万别，大伙儿各有各的学习模式。学生自由程度高，学习获取反馈的途径主要是练习和考试分数。这让我对自己固有的评价体系产生质疑，我在自学和独立研究的过程中摸爬滚打，甚至开始质疑自己的学习能力，担心自己无法在学业上取得好成绩。

我并不是传统意义上痴迷学习、埋头苦读的学生，也不是具有坚定自我的学生，不喜欢因循守旧。我经常反省自己，渴望改变，而在这样充满大班数理课的大学初期，探索新道路的过程注定是艰难且痛苦的。

一切从 AI 创证书项目开始改变，它是我大学真正快速成长道路上的起点。AI 创证书项目最宝贵的一点便是，几乎所有课堂都是小班教学。老师们熟知我们每个人的名字与面孔，会和我们一对一地交流，我也和同学们组成小组，去进行各种创新设计的训练和尝试。对待每一个同学，老师们坚持"因材施教"的教育理念，在课堂形式设计甚至教室布置这类细节中，你能感受到老师们"以人为本"的治学理念。传统师生权威关系被打破，一名学生对于老师来说不再只是七八十人甚至上百人之中的"一个"，而是成了具有个性和需求的独立个体。在这个过程中，我开始了解到有关于人工智能以及创新创业的各类知识，慢慢地重新认识了自己，在老师和同学们的鼓励下重拾信心。

我印象最深刻的课程是"创业思维"。在这门课上，我们几个同学组成了"THU 失物招领"小组，尝试设计一个专属于校内清华人的失物招领平台。通过这门课，我们进行了切实的调研，探讨将脑海里关于学校事务的创新想法落地的可能性，去尝试建设校园，尝试成为校园的"主人"，而不仅仅是过客。在这个过程中，我们小组便是一个小小的模拟公司，彼此不仅只是在课堂中沟通，更是在课外生活的各个领域交流。不知不觉我发现，每次课程讨论，我们小组总是欢声笑语，一有成员上台发言必定伴有其他成员的掌声和喝彩。我们真正地成了一个集体。

"师生犹鱼，大鱼前导，小鱼跟随，耳濡目染。"同窗好友，互相尊重，一起构建"和而不同"的集体。在 AI 创证书项目的小小班级里，我感受到了这样难得的氛围，我认为这种氛围是大学教育最基础也是最重要的部分之一。

AI 创证书课程以"因材施教""以人为本"的教育理念为骨，以 AI 产业、创新创业思维知识为肉，它开发了我的创新思维，我认为这是一种在未来社会中会越来越重要的思维能力。创新，要做前人未做的事，开拓前人未探索过的科研领域，更要做全新的自己。在清华这个光环耀眼的学校里，有太多前人走过优秀的、经典的成长之路，我们很容易被这些光芒吸引，忍不住去跟随、去重复。AI 创证书项目带给我最大的收获便是，它让我意识到，原来还可以去开拓更多不同的道路，这些道路同样鸟语花香，精彩纷呈。

在 AI 创证书课程中，我认识到了自己不一样的方面，也在学校纷繁多杂的各种价值体系当中找到了属于自己的那一条道路。这是一种对自我的肯定，和别人不同并没有什么错，最可怕的便是人人都相同。认识到每个人都不同后，便不再会为无谓的比较而内耗，也不会为争夺那一点蛋糕做无谓的努力，更不会在一条道路上无限内卷。找到自己最适合的领域，坚持做自己最热爱的事，逐渐便会放弃对结果的追求，享受过程。大学四年最重要的目标，甚至人生最重要的目标，不过便是认识自己罢了。

在我未来的职业规划中，我会运用 AI 创证书项目带给我的创新思维，以及和同伴一起合作探索新事物的勇气探索新世界，去做自己真正想做的事情。

8.2 倪苗：最通畅的道路

倪苗
2020 级探微书院。

倪苗领取 AI 创证书

> AI创证书项目的课程设计，是帮助我挖掘兴趣爱好最快捷，也是最通畅的一条道路。

2022 年，在选修清华 iCenter "制造工程体验"课程时，我偶然了解到了人工智能创新创业能力提升证书项目，开启了我的清华 iCenter 探索之旅。在两年之内，我完成了项目的培养方案，顺利拿到了项目证书。

我一直对程序设计有着浓厚的兴趣，在高中时期课余时间参加了信息竞赛，并达到了 CCF 认证的 6 级编程能力水平。作为"强基计划"的第一届学生，初次接触理工双学位课程，我需要平衡好课业与兴趣的时间分配。由于双学位无法申报辅修专业，因此，我选择了证书项目作为个人兴趣探索的落脚点，希望能在证书项目的学习中，实现编程等技能的长足发展。

在证书课中，我最大的收获是合作能力的提升。之前，我更加专注于个人能力的提升，但在证书课中，我通过小组合作，与同学们进行交流讨论，最终以"智能气瓶管理系统"为课题，从前期调研到中期汇报，再到结题，我们深入挖掘并创新，参与了一些未曾设想的比赛，在个人能力和团队合作能力等方面都有了显著提升。通过一学期的创新实践课程，我掌握了小程序开发、数据库设计、服务器部署等技能，真正将项目从理论推向实践。

在证书课中，我遇到了许多使我印象深刻的老师，他们耐心、温和、实力过硬。我的专业是化工方向，想要通过提升计算机编程能力来辅助科研探究，在探微书院和化工系老师的指导与帮助下，我参与了"微纳机器人控制"的相关课题。在课题的实施过程中，我通过证书课程的学习了解到了 OpenCV 计算机视觉等 Python 库，并将相关知识应用到了专业课题中，节省了数据分析的人力和时间。课程中的每一次合作，从最初的设想到最终的实现，老师们都给予了我们巨大的帮助，虽然在过程中遇到了许多困难，但通过团队合作与老师的指导，项目合作都如期顺利完成。

作为一名理工科学生，我对"设计思维"这门课的印象十分深刻。作为一个非常不擅长美术的学生，起初我很担心无法完成课程任务，但随着课程的推进，老师让我们认识到了设计思维中"以人为本"的重要性，带领我们厘清了工业设计的脉络。在蒋老师的带领下，我们聆听了设计总监对产品所处社会环境的深入剖析与基于调研结果的准确定位；前往郑州国家工业设计中心看到了心怀赤忱理想信念、走遍千山寻找真"国色"的追梦者和他们将传统美学与科技深入交融的成果；学习专业的社会势能分析角度，感念前人的行路致知精神……一学期的学习过后，我竟然完成了一份对柬埔寨社会势能的调研分析报告。也许报告的内容有些粗浅，但通过艺术、工业与美，与遥远地方的人和环境建立联系本就是对自身思维的一场设计。希望在将来，我能像国家工业设计中心的前辈一般，将兴趣爱好发展成愿意为之奋斗终生的事业，结识志同道合的伙伴，一起探索未来，成就自我。

最开始参与 AI 创证书项目，我只是想进一步拓宽自己的眼界，但随着课程逐渐深入，我发现证书项目是我探索兴趣爱好最快捷，也是最通畅的一条道路。AI 创证书项目的学习经历不仅让我对原本的兴趣爱好有了更深刻的理解，也让我在实践中逐渐加强了自己的专业能力和独特见解。通过这个项目，实现了我人工智能相关知识与技能从 0 到 1 的突破。我相信，在 AI 创证书项目的引领下，我会继续在这条道路上不断前进，开拓视野，追寻理想。

8.3　卜令芸：真正的成长

卜令芸
清华大学建筑学院2019级本科生、
2023级硕士生，
曾获清华大学学业优秀奖学金、
清华大学结构设计大赛一等奖、
"清华工匠"大赛创新卓越奖，
曾任清华大学创业协会副主席。

卜令芸领取 AI 创证书

> " AI创证书项目真的打开了我对创业实践认知的大门，思维和认知的成长才是一种真正的成长。"

　　我一直对人工智能和创新创业两个领域非常感兴趣，在大二那年了解到这个证书项目后，就第一时间早早抢课，火速加入。我对人工智能领域一直十分好奇，也诞生过许多新奇的想法，但一直缺少走出专业的机会，难以融会贯通地进行思考和创新。所以当我了解到这个项目时，便希望能够在项目中学习系统性的知识，以便更好地与个人能力和特长结合，进行一些落地的设计。

　　我在 AI 创证书项目中最大的收获，其实正是很多课程名字的核心——"思维"的提升。在学校里，我们学到的很多知识都是足够专业、有深度的，但是很难真正学习到一种能够超越这些具体学科的思维和把知识统筹在一起进行转化的方法论。AI 创证书项目的课程打开了我对创业实践认知的大门。

　　因为 AI 创证书项目的这些课程，我开始真正地实践自己的想法。我印象最深的课是"创业思维"和"智慧城市专业创新实践"。在这两门课中，我们会实施一些具体的项目，从一开始的原型设计、深化直至最后成果产出。

　　我在"创业思维"课堂里第一次系统地学习了创业的知识和方法论，我才认识到原来创业也不是只靠一腔热血，这当中有充分的资源和思维可以运用。创业是一个严谨的、有逻辑的、可拆解和加以学习的完整过程，写 BP、分析用户画像、优化迭代等都需要更精准的思考方式，在这场演练中，我建立了一套完整的知识系统。结课时我申请做了现场的主持人之一，看到大家不仅只有学期初的热血，还变得更加有魅力。那一刻我第一次意识到，思维和认知的成长才是一种真正的成长（图8-4）。

图 8-4 "创业思维"课上拍摄及结课担任主持人

我对"智慧城市专业创新实践"课程的印象也尤为深刻。"智慧城市"虽然听起来很宏大，但正是因为它涉猎领域广，反而更容易在其中找到自己擅长的领域。在这门课中，我和一名电机系的同学组队，设计了一款可以在校园内移动的太阳能学习室。我们两人几乎没有任何专业上的共同语言，这反而激发出了我们更多的想象力。每节课上老师都会为我们带来很多的指导和建议。一开始我们的原型不够清晰，优势挖掘还不够，场景也不够细化，我们俩人在课程外也经常讨论，一遍遍地问自己：我们的创新聚焦在哪、这种技术集成创造的新场景是什么、我们能解决的现存问题是什么、太阳能的安装和座椅尺寸的适配问题怎么解决……当我真正去经手这些具体项目的时候，我会发现自己以前的思维是存在漏洞的，而我并不知道怎么去解决它，甚至也不知道如何和团队当中的人相处。在课程中，我慢慢懂得了应该如何和团队中的成员们沟通：当遇到技术难关时，应当如何和同伴们一起寻求正确的处理方式。通过课程的锻炼，我在应对困难时已经有了一套成熟的方法论，可以用清晰的逻辑去解决问题，这对我来说是特别具体又非常珍贵的收获（图8-5）。

通过"智慧城市专业创新实践"这门课"走出去"，在老师的指导下，我们拓展了团队人员，并在第二个学期申请了"挑战杯"项目，后来又多番深化，参加了"清华工匠"产学研赛道的科创比赛……每一步都在刷新着我原有的思维认知，我时常会回想起彭老师对我说过的一句话："智慧城市的智慧，其实是人的智慧。"

图 8-5　太阳能智慧座椅

　　通过参与 AI 创证书项目，我不仅获得了知识和技能，更重要的是学会了如何将我的兴趣和专业能力转化为实际的创新创意。这个项目不仅提升了我对人工智能和创新创业领域的理解，而且教会了我如何在团队中进行有效沟通和解决实际问题。这些经验对我的学术发展有着积极的影响，也为我未来的职业生涯奠定了坚实的基础。我相信，这些宝贵的经验和技能将伴随我去走未来的每一步，帮助我在人工智能和创新创业的道路上不断前行，为社会带来更多的价值和创新。

8.4　张书宁：习得方法论

张书宁

清华大学计算机系2019级本科生，
2023年进入清华大学网络研究院
攻读博士。
主要研究方向是应用安全和人机
交互技术。
曾在CHI、CVPR、ACL、IEEE VR
等会议上发表论文。
本科期间曾入选星火计划第十五期，
曾获得国家奖学金，钟士模奖学金等。

张书宁领取 AI 创证书

　　在AI创证书项目的课程中，我们学会了用人工智能思维和编程思维去拆解学习和生活中遇到的问题，我会带着学到的这些方法论，去解决专业里面遇到的各类问题。

2020 年，我开始修读 AI 创证书项目的第一门课程。随后，我在 2020 年至 2021 年期间完成了 AI 创证书项目的学习，并在此期间参与了"挑战杯""大创"等比赛，结识了许多志同道合的朋友。

我的第一门证书课程是"人工智能思维"，那是我参与证书项目的第一年，选课的同学来自各个院系，年龄差异也较大，这门课给我留下了深刻的印象，它介绍了许多不同的理论和前沿观点，与我的专业课有很大差异。也是因为这门课，我认为这一类的课程应该都非常有趣，于是在结课后便选择了证书项目的其他课程。

在 AI 创证书项目中，我主要获得了两大方面的提升：一是专业能力和方法论，二是结识了志同道合的同伴。证书项目教会了我们如何用人工智能思维和编程思维去解决实际问题，我将这些方法论应用在了我的专业领域。特别是在人机交互方向的研究中，利用 AI 相关的模型和技术解决科研问题，这对我的科研有很大帮助，例如我在本科参与发表的学术工作中，就利用了传统的机器学习模型完成少样本的身份验证任务。传统的基于生理行为特征的身份验证技术会通过特征提取，利用特定规则完成识别。当规则较为复杂时，我想到了可以利用不同机器学习模型"组合"的方式达到更优的识别效果，其中每一个机器学习模型负责提取不同类别的特征（图 8-7）。

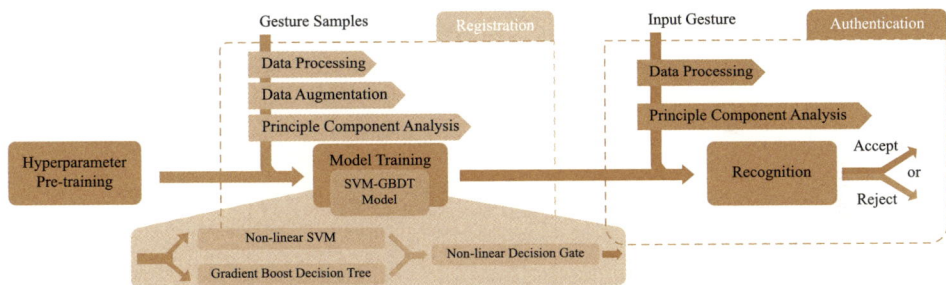

图 8-7　论文中采用的机器学习模型

我也在这个项目中遇到了许多有趣的同伴，我们一起参加了 AI 创证书项目的学习，一起报名参加了"挑战杯""大创"、SRT 等比赛，共同完成了许多有趣的项目。特别值得一提的是，我们曾经在清华 iCenter 地下二层的一间实验室苦苦调试了很久的服务器，虽然过程艰辛，但最终取得了成功。我们共同参与完成的"大学生心理健康舆情检测"项目，参加了一次次比赛，逐渐丰满的项目在老师的帮助和指导下获得了清华大学第 32 届学生实验室建设贡献二等奖。

我还想推荐一门课程，那就是"创业思维"。这门课程为我提供了创业和科研的方法论训练。通过这门课程，我学会了如何组建和管理团队，了解了创业的全流程。在最后两周的课程中，我们准备了路演并进行现场展示，这对我来说是一个很好模拟创业的机会。

在 AI 创证书项目中，我认识了许多其他院系的同学，这些跨专业的交流引导我找到了感兴趣的科研方向；项目的老师们都非常友好，他们不仅在课程上给予了我们最大程度的帮助，还在科研、创业等方面提供了指导。AI 创证书项目的课程帮助我更明确地去规划时间、更好地去管理团队，并在遇到困难时找到解决方案。

我于 2023 年 6 月从计算机系毕业，并计划继续从事与隐私安全、人机交互和 AI 相关方向的研究。因此，在 AI 创证书项目中学习到的这些方法论，对我未来的科研生涯和博士研究都具有重要意义，比我真的学会某些技能都更加重要。当然，不可否认的是，AI 创证书项目还是我开始构建第一个神经网络的起点，为我大二就能开始科研探索奠定了不可替代的基础。

参考文献

[1] 国务院. 国务院关于印发新一代人工智能发展规划的通知 [EB/OL]. [2017-07-20]. https://www.gov.cn/zhengce/content/2017-07/20/content_5211996.htm.

[2] 中华人民共和国教育部. 教育部关于印发《高等学校人工智能创新行动计划》的通知 [EB/OL]. [2018-04-03].http://www.moe.gov.cn/srcsite/A16/s7062/201804/t20180410_332722.html.

[3] 清华大学. 清华大学成立人工智能国际治理研究院 [EB/OL]. [2020-06-29]. https://www.tsinghua.edu.cn/info/1182/51091.htm.

[4] 清华大学. 邱勇：人夺天工 智赋新能 努力开创人类更加美好的未来 [EB/OL]. [2024-04-29]. https://mp.weixin.qq.com/s/93TcT6nhUnBoCP_PfrV2bQ.

[5] 清华大学. 本科招生：自动化系"通用人工智能"因材施教计划 [EB/OL]. [2024-06-06]. https://www.au.tsinghua.edu.cn/info/1061/3385.htm.

[6] 李双寿. 清华时间简史. 基础工业训练中心 [M]. 北京：清华大学出版社，2021.

[7] 清华大学. 一流本科教育是一流大学的底色 [EB/OL]. https://www.tsinghua.edu.cn/jyjx/bksjy.htm.

[8] 清华大学教务处. 清华大学通识教育学生手册 [Z]. 2023.

[9] 清华大学教务处. 清华大学本科课程证书项目设置与管理办法 [Z]. 2020.